맛있는 요리를 만드는 레시피가 있는 것처럼 웃음, 힐링, 성장을 만드는 레시피도 있을까요?
레시피팩토리는 모호함으로 가득한 이 세상에서 당신의 작은 행복을 위한 간결한 레시피가 되겠습니다.

매일 만들어
먹고 싶은

카페
브런치&
디저트

편안하고 맛있는 카페 메뉴와 함께
집에서도 올 데이 브런치 하세요

브런치는 아침과 점심을 겸한 식사를 의미하지만, 이제는 하루 중 언제든, 먹는 행위뿐 아니라
그 시간과 분위기까지 즐기는 '올 데이 브런치All Day Bruch'가 하나의 문화로 자리 잡았습니다.
단순히 끼니를 해결하는 것 이상으로, 여유로운 시간을 즐기며 다양한 메뉴를 경험하는 시간이
되었지요. 저 역시 이런 문화를 지지하는 사람으로서 누구보다 진심으로 올 데이 브런치를 즐기며
많은 분들이 함께하실 수 있도록 매장에서 브런치 메뉴를 선보이고 있습니다.

브런치 메뉴를 대접하고 피드백을 받아오며 느낀 것은, 결국 좋은 브런치란 '내가 매일 먹어도
좋은 요리'라는 것이에요. 이 말에는 두 가지 의미가 있는데, 우선 건강에 최대한 해가 되지
않는다는 것입니다. 어릴 적부터 음식이 몸에 주는 크고 작은 영향을 누구보다 민감하게 느끼며
살아왔기 때문이기도 하고, 먹는 것이 건강을 상하게 해서는 안 된다는 신념 때문이기도 해요.
하지만 아무리 건강한 요리라도 맛이 없다면 길게 봤을 때 이롭지 않더라고요.
맛없고 건강한 음식, 상상만 해도 행복과 멀어지는 기분이 들지 않나요?

그래서 두 번째 의미는 여러 번 반복해서 먹고 싶을 만큼 맛있다는 것입니다. 자극적인 맛이나
모든 요소가 강조된 밀도 높은 맛은 단번에 맛있다는 인상을 주긴 하지만 내일도 모레도
계속 먹고 싶다는 생각이 들지는 않죠. 자주 먹어도 질리지 않는 백반처럼 편안함을 지닌,
여유 공간이 있는 맛을 추구합니다. 그러기 위해 꼭 들어가야 하는 재료를 필요한 만큼만 넣고,
특히 향신료, 허브와 함께 다양한 채소를 사용해 밸런스가 좋은 맛을 만들어냅니다.

이런 조건을 바탕으로 발전시킨 브런치 메뉴 중 매장에서, 수업에서, 또 같이 일하는 사람들과
나눈 스텝밀 테이블에서 가장 많은 공감을 받은 메뉴를 모아 소개합니다. 그중에는 이름만 들어도
금세 떠올릴 수 있는 클래식한 메뉴도 있고, 미식 취향을 깨우는 신선한 메뉴도 있을 거예요.
우리에겐 친근하지만 이제 막 이 세계를 접하기 시작한 해외에서 열광적인 반응을 보이는 K푸드에
대한 브런치 응용 아이디어도 함께 다뤘어요. 모든 메뉴에 기본에 충실한 맛을 담으려 노력했기에
복잡하지 않고, 다소 낯선 재료도 다루는 데 어려움이 없도록 레시피를 구성했습니다. 그리고
또 하나, 자리의 분위기나 목적에 맞게 여러 가지 메뉴를 함께 배치하는 브런치 플레이트에 관한
내용도 소개했습니다. 브런치 카페에서 식사를 할 때면 요리의 담음새가 주는 만족감이 있지요.
어울리는 메뉴를 실용적이고 멋스럽게 배치하는 아이디어를 담았으니 마음껏 활용해 집에서도
즐겨보세요.

브런치 메뉴를 몇 가지 익히고 나면 제철 재료를 바탕으로 건강하고 간단하게 응용하는 것은
어렵지 않습니다. 나를 위해, 아끼는 사람들을 위해 브런치 테이블을 꾸며보세요.
이 책과 함께하는 여러분이 바쁜 나날 중 언제라도, 느긋하게 '올 데이 브런치' 하신다면 더없이
기쁠 것 같습니다.

2024년 여름 ──────────────────────────────────── 김희경

이 책의 모든 레시피는요!

☑ **표준화된 계량도구를 사용했습니다.**
- 1컵은 200㎖, 1큰술은 15㎖, 1작은술은 5㎖ 기준입니다.
- 계량도구 계량 시 윗면을 평평하게 깎아 계량해야 정확합니다.
- 밥숟가락은 보통 12~13㎖로 계량스푼(큰술)보다
  작으니 감안해서 조금 더 넉넉히 담아야 합니다.

☑ **채소나 과일은 중간 크기를 기준으로 제시합니다.**
- 채소나 과일의 눈대중량은 너무 크거나 작지 않은
  중간 크기를 기준으로 표기했습니다.
  눈대중량보다는 무게가 더 정확합니다.
- 완성 분량(인분)은 메뉴의 특징에 따라
  다르게 제시합니다. 각 레시피에 표기된 분량을
  확인해 주세요.

Basic

Guide

"매일 간편하게, 맛있는 브런치를 즐기기 위해
알아두면 유용한 기본 정보를 모았습니다"

본격적인 브런치 메뉴 배우기에 앞서, 집에서 만드는 홈 브런치,
완성도 높은 카페 브런치를 위한 재료와 몇 가지 프렙 레시피를 소개합니다.
자주 사용하는 재료를 고르고 손질하는 방법,
넉넉히 만들어 보관해 두고 요긴하게 쓸 수 있는 사이드디쉬, 소스 레시피 등
브런치 플레이트를 살리는 다양한 팁을 만나보세요.

카페 브런치 재료의 모든 것

이 책 속 브런치가 지향하는 자연스러운 맛을 구현하기 위해서는 가장 먼저 신경 써야 할 것은 바로 재료예요. 달걀, 채소 등 자주 사용하는 주요 재료와 실제 메뉴에 사용한 시판 재료도 그대로 소개했으니 참고해서 오리지널에 가까운 맛으로 완성해 보세요.

달걀

단백질 등 영양이 풍부하고, 조리도 쉬워서 브런치에서는 여러 메뉴에 활용되는 중요한 재료예요. 책에서는 스크램블, 오믈렛, 달걀말이, 삶은 달걀 등 다양한 방법으로 조리해 활용했는데, 어떻게 조리하든 뻣뻣해지거나 노른자에서 철분이 빠져나와 푸른빛을 띠기 전까지만 부드럽게 익히는 것이 포인트입니다.

중란　　　　　　　　특란

[고르기]

달걀은 크기에 따라 소란 / 중란 / 대란 / 특란 / 왕란으로
구분합니다. 요리할 때는 주로 특란을 추천하는데,
껍데기를 제외한 총 무게 55g 중 노른자 15g,
흰자 40g으로 비교적 노른자의 비율이 높은 편이고,
크기가 작은 달걀보다 경제적이며 맛과 크기가
안정적이기 때문이에요.

요즘은 닭의 사육 환경 또한 달걀을 선택하는 중요한
기준 중 하나입니다. 사육 환경은 달걀 구입 시 포장지에
표기된 문구나 달걀 껍데기에 표기된 난각번호의
마지막 자리 숫자로 확인할 수 있어요. 무항생제 제품을
추천하며, 난각번호는 1, 2번 제품을 사용하는 게
좋습니다. 난각번호의 앞 4자리로는 산란일자를 확인할
수 있는데, 가장 최근 산란한 달걀을 구입하면 신선한
달걀을 고를 수 있어요.

포장지 표기 사항	유기농, 무항생제, 방목, 평사, 케이지 등
난각번호 마지막 자리 숫자	1 자유방사 2 평사 3 개선 케이지 4 일반 케이지

[보관하기]

뾰족한 끝이 아래로 가도록 용기에 담아 2~5℃의
냉장고에서 보관해 주세요. 구입할 때 포장되어 있던
종이나 플라스틱 용기 그대로 보관하면 냉장고 속
다른 음식물이나 재료의 냄새가 배지 않아 좋습니다.

잎채소와 허브

[고르기]

채소를 고를 때는 무엇보다도 가장 신선한 것을 구입하는 게
좋습니다. 마트나 재래시장, 온라인 배송을 통해 구매하는
것이 일반적이지요. 최근에는 개별 생산자가 운영하는
온라인 마켓을 통해 특색 있고 질 좋은 농산물을 유통 단계를
거치지 않고 농장에서 직접 구매할 수 있는데요, 1~2인분의
소량 구매가 아니라면 그 방법도 추천해요.

*** 구매처** 보타닉남도 인스타그램 @botanic_namdo
농부시장 마르쉐 www.marcheat.net

[보관하기]

구매한 채소는 종류별로 따로 종이나 키친타월로 감싸
냉장고 채소 칸에 보관합니다. 평소 냉장고의 위치별 온도를
파악해 두는 게 좋은데, 잎채소가 너무 낮은 온도에 노출되면
잎이 검게 변하거나 뭉그러져 못 쓰게 될 수 있기 때문이에요.

[손질하기]

구입한 잎채소를 신선한 상태 그대로 사용하려면
몇 가지 과정을 거쳐야 합니다. 당일에 미리 손질해 두면
필요할 때 바로 사용할 수 있어요.

1 — 잎을 한 장씩 떼어 흐르는 물에 씻은 후
찬물에 잠시 담갔다가 물기를 완전히 제거한다.
2 — 밀폐용기에 키친타월을 여러 장 깔고 채소를 담은 후,
뚜껑을 덮어 냉장 보관한다.
* 생채소 그대로 섭취한다면 가열·살균 과정을
거치지 않으니 보관 용기나 손질용 도구를
식품용 알코올로 깨끗이 닦아 사용한다.

로메인

아삭한 식감이 청량함을 더해주고,
맛이 부드러워 어느 샐러드에
곁들여도 무난하게 어울려요.
직접 보고 고를 수 있다면 손으로
들어봤을 때 살짝 묵직하고, 잎이
탄력 있으면서 끝부분까지 연둣빛이
도는 것을 선택하면 좋습니다.

라디치오

진한 보랏빛의 풍부한 색감과
입맛을 돋우는 쌉쌀하고도 개운한
맛이 매력인 채소예요. 양배추와
비슷하게 생겼지만 양배추와는
달리 가열하면 쓴맛이 올라와서
주로 생으로 샐러드에 사용합니다.
잎이 갈색으로 변하거나 끈적거리지
않고 매끄러운 것을 골라요.

와일드루꼴라

일반 루꼴라보다 잎의 크기나 모양이
균일하고 손질도 쉬워서 샐러드와
샌드위치에서 가장 자주 사용한
잎채소입니다. 치즈나 육류는 물론,
달콤한 과일과도 조화롭게 어우러지고,
쌉쌀한 맛과 특유의 향이 음식 전체의
맛을 살려줍니다. 녹색이 짙고
대가 탄탄한 것이 신선해요.

이탈리안파슬리

어느 요리에서도 제 역할을 톡톡히
하는, 주방에서 빼놓을 수 없는
허브입니다. 요리의 완벽한 마무리를
장식하기엔 이만한 재료가 없죠.
줄기나 잎이 억세지 않은 것으로
골라, 곱게 다져 넣어 향긋함을
더하거나 잎을 떼어 장식용으로
사용하세요.

바질

토마토, 치즈의 조합이 훌륭한
허브입니다. 바질만의 향이 존재감이
매우 강하니 어울리는 요리에
적절히 넣는 걸 추천해요. 페스토를
만들거나 다져서 쓸 게 아니라면
잎이 너무 크지 않고 연녹색이
도는 것을 고르는 게 좋아요.
'오팔바질'이라 부르는 보라색
바질도 장식용으로 유용해요.

타임

상쾌한 향이 나고 조그맣게
달린 잎이 귀여운 허브예요.
동물성 재료의 잡내를 잡을 때
유용한데, 오랜 시간 가열해도
향이 잘 날아가지 않아서
푹 끓이는 수프나 그라탱에도
자주 사용합니다. 검게 시든 부분이
없는 것을 골라요.

콩

식물성 단백질이 풍부한 콩은 고소한 맛과 포만감이 있어 브런치에서 많이 사용하는 재료입니다. 미리 삶아두면 샐러드나 수프에 유용하게 활용할 수 있어요.

[삶기]

병아리콩

밤처럼 파슬파슬한 식감, 담백한 맛을 가진 콩이에요. 꽤 단단해서 오랫동안 불려야 하니, 삶기 전 불리는 시간을 고려해 작업하세요.

1 — 마른 병아리콩을 6시간 이상 물에 불린다.
  * 여름철엔 상할 수 있으니 얼음물이나 냉장고에서 불린다.
2 — 체에 밭쳐 물에 헹군 후 깊은 냄비에 병아리콩과 콩 부피의 약 3배 되는 물을 넣고 중간 불에서 30분~1시간 동안 삶는다.

강낭콩

삶으면 크림처럼 부드러워지는 강낭콩은 무난한 맛이라 어디에 넣어도 잘 어울려요. 이 책에서는 흰색 강낭콩을 사용했는데 붉은색 강낭콩을 사용해도 좋아요.

1 — 마른 강낭콩을 4시간 이상 물에 불린다.
2 — 체에 밭쳐 물에 헹군 후 깊은 냄비에 강낭콩과 콩 부피의 약 3배 되는 물을 넣고 중간 불에서 30분~1시간 동안 삶는다.

렌틸콩

최근 저속노화 식단 필수 재료로 각광받고 있는 렌틸콩은 갈색, 녹색, 붉은색 등 색이 다양해요. 익히는 데 시간이 오래 걸리지 않아서 편해요.

1 — 마른 렌틸콩을 1시간 동안 물에 불린다.
  * 붉은색 렌틸콩은 불리지 않아도 된다.
2 — 체에 밭쳐 물에 헹군 후 깊은 냄비에 렌틸콩과 콩 부피의 약 3배 되는 물을 넣고 중간 불에서 30분 내외로 삶는다.

마른 콩은 밀봉하여 건조하고 서늘한 곳에 둡니다.
콩을 삶은 후에는 물기를 최대한 제거하고,
키친타월을 깐 밀폐용기에 넣어 냉장 보관합니다.
소독된 스푼으로 덜어서 사용하면
3일 동안은 충분히 보관할 수 있어요.

빵 ——————————— [고르기]

샌드위치나 토스트의 맛에 있어 좋은 빵을 고르는 것은
생각보다 중요한데요, 인위적인 첨가물 없이 필요한 재료만으로 만든 빵이
맛도 훨씬 더 좋습니다. 요즘은 좋은 베이커리가 많아 선택의 폭이
정말 넓으니, 재료에 유의하며 원하는 구움색, 크러스트의 두께, 빵의 결 등을
살펴 골라보세요.

바게트

고소하고 담백한 맛, 바삭하고
존재감 있는 크러스트 덕분에 아주
심플한 조합으로도, 내용물이 많은
샌드위치로도 적합합니다.

치아바타

기공이 많고 올리브오일이 듬뿍
들어가 식감이 부드러운 게
특징입니다. 치즈, 토마토, 바질
등 이탈리아에서 자주 사용하는
식재료가 들어간다면 대부분
잘 어울려요.

빵은 당일 섭취가 기본이지만 남는 빵이 있다면 이렇게 보관하세요.
잘 보관하면 다시 구웠을 때 갓 구운 빵 그대로의 맛을 즐길 수 있어요.

1 — 남은 빵은 한 번 먹을 양만큼 소분하거나 용도에 맞는 크기로 잘라
랩이나 비닐에 넣고 밀봉한다.

2 — 다른 음식물의 냄새가 배지 않도록 밀폐용기에 한 번 더 담아
냉동 보관한다.

* 냉장 보관은 빵이 딱딱하게 굳기 좋은 환경이니 추천하지 않는다.

3 — 냉동된 빵은 실온 해동해 180~220℃로 예열한 오븐이나 토스터에
2~3분간 굽는다.

* 다시 구운 빵은 빠른 시간 내에 먹는 게 좋다.

식빵

우유식빵은 독특한 맛이 있는 건
아니지만 부드럽고 쫄깃하면서
어디에나 잘 어울리지요.
한두 가지 단순한 재료를 더해
만드는 샌드위치나 토스트에 주로
사용해요.

브리오슈

버터와 달걀의 풍미가 강한 빵으로,
식감이 부드럽고 달콤합니다.
따뜻하게 먹으면 그 맛이 훨씬
살아나니, 프렌치토스트나 달콤한
재료를 곁들이는 토스트로
활용해 보세요.

사워도우 빵

천연 발효를 통해 만든 빵으로,
특유의 신맛이 있습니다. 산미 있는
재료와 조합이 좋고, 동물성 재료가
들어가지 않으니 비건 샌드위치를
만들 수 있어요. 전체적인 식감이
단단하고 쫄깃한 편이라 샐러드에
곁들이는 크루통을 만들기에도
적합해요.

향신료

요리에 특별한 풍미를 더하는 향신료의 매력은 브런치에서도
백분 발휘됩니다. 이 책에서는 최대한 많은 분들이 향신료에 부담을
느끼지 않도록 대중적인 향신료를, 재료와 잘 어우러지는 만큼만 사용했어요.
향신료 초심자이거나 거부감을 갖고 있는 분들도 이번 기회에 꼭 시도해
보길 바랍니다.

가람마살라

인도 요리에서 널리 사용되는
혼합 향신료입니다. 일반적으로
큐민, 코리앤더시드, 카더멈, 시나몬,
정향, 후추, 넛맥, 월계수 잎 등이
들어가는데, 혼합되는 향신료의
종류와 비율은 정해져 있지 않기
때문에 제품에 따라 추가되거나
대체되기도 합니다.

큐민시드 · 큐민파우더

큐민은 존재감이 강한 향신료로,
흔히 멕시코나 중동 요리를 통해
접할 수 있습니다. 육류의 누린내를
가리는 데 아주 효과적이에요.
파우더는 시드를 로스팅해 곱게
간 것으로, 별도의 템퍼링 없이
조리 도중에나 마무리할 때
섞기만 하면 돼서 간편합니다.

강황파우더

강황 뿌리를 건조해 분쇄한
파우더예요. 많은 사람들이
건강을 위해 챙겨 먹을 만큼
항염 작용이 뛰어나다고 하지요.
커리의 짙은 노란색을 내는
재료이며, 요리에 쓴쓸한
맛과 향을 더해줍니다.

코리앤더파우더

건조시킨 고수 씨를 분쇄해
가루 형태로 만든 향신료로 산뜻한
맛이 납니다. 고수만큼 호불호가
강하지는 않아요. 요리에 넣으면
잡내를 없애거나 전반적인 맛의
조화를 잡아주기도 하니 꼭 한번
사용해 보세요.

넛맥

따뜻한 향을 가진 공 모양의
향신료. 그레이터로 곱게 갈아서
소량씩 사용하는데, 크리미한
소스에 넣으면 은은한 풍미를
더해줍니다. 고기 요리나 디저트를
만들 때 사용하기도 해요.

통후추

가장 대중적인 향신료 중 하나인
통후추는 그라인더를 사용해 굵게
갈아서 요리의 마무리에 더합니다.
굵은 입자가 한 번씩 씹힐 때
알싸한 맛을 더해 입맛을 돋워요.

백후춧가루

후추 열매의 껍질을 벗겨 건조시킨
후 분쇄한 것으로, 검은 후추보다
부드러운 맛이 납니다. 밝은 색
요리에 후추 맛을 살짝 숨겨두고
싶을 때나, 너무 강하지 않은
감칠맛으로 포인트를 주고 싶을 때
사용해 보세요. 일반 후춧가루로
대체하여 사용해도 좋습니다.

핑크페퍼

예쁜 붉은색을 띤 이 열매는
사실 후추는 아니지만 살짝
매운 맛이 있고 모양이 비슷해서
핑크페퍼라고 불립니다.
손으로 가볍게 비비면 붉은 껍질이
부서지는데 요리 마무리에 더하면
알싸한 맛이 나고, 부수지 않고
장식용으로 올려도 보기 좋아요.

[템퍼링하기]

책에서는 씨 형태의 향신료도
사용했는데요, 이때 다른 재료와
볶기 전, '템퍼링' 과정을 거치면
기름에 향 성분이 녹아들어
각각의 향이 어우러집니다.
냄비에 1~3큰술의 식용유와
향신료를 넣고 타지 않도록
중간 불로 약 1분간, 향신료 주위로
거품이 보글보글 올라오고 갈색이
날 때까지 가열해 주세요.

시판재료

재료를 준비하면서 시중의 다양한 제품 중 어떤 것을 구매할지
고르기 어려울 때가 많지요. 비교적 저렴한 가격에 대중적인 맛과
품질을 가진 제품과 가격대가 조금 높더라도 요리의 완성도를 위해
꼭 사용해 보면 좋을 제품을 아울러 소개합니다.

그라나파다노치즈

만토바의 제품은 품질이 좋아
이탈리아 현지에서도 많이
쓰이고 있습니다. 이 책에서는
그라나파다노를 주로 사용하지만,
같은 용도로 파르미지아노
레지아노치즈를 사용해도 돼요.

그뤼에르치즈

스위스 하데거의 제품으로
전통 방식으로 만들어 AOC
인증을 받았습니다. 책에서 소개한
크로크무슈(42쪽), 가지그라탱의
모네이소스(128쪽)는 그뤼에르치즈를
사용해야 제맛이 나요.

부라타치즈

부라타치즈는 단가가 높기 때문에
냉동 제품을 쓰는 것이 합리적인데,
조이엘라의 제품은 해동해서
사용해도 풍부한 맛과 부드러운
식감이 살아 있습니다.

버터

적당한 가격, 깔끔한 맛의
버터를 쓰고 싶을 때는 이탈리아
브라짤레의 버터(좌)를, 가격대는
조금 높지만 발효버터의 풍미가
느껴지길 원한다면 프레지덩의
버터(우)를 추천합니다.
책에서는 따로 표기하지 않은 경우,
모두 무염버터를 썼어요.

잠봉

국내산 돼지로 만든 잠봉 중
가격이 가장 합리적이고, 품질과
맛이 늘 안정적인 존쿡델리미트의
제품을 사용합니다.

베이컨

소시지, 프로슈토, 베이컨 등
뛰어난 품질의 가공육을 생산하는
프리어스의 제품을 선호합니다.
필요에 따라 두께를 조절할 수 있는
통베이컨을 사용해요.

토마토홀 통조림 · 토마토페이스트

토마토로 소스 등을 만들 때
진한 맛을 낼 수 있게 해주는
아주 간편한 재료예요. 토마토홀
통조림은 구스타로쏘의 제품을,
토마토페이스트는 무띠의 제품을
선호해요.

디종머스터드

톡 쏘는 첫 맛과 부드러운 질감을
가진 르네디종의 제품이에요.
꿀이 섞인 허니 머스터드소스나
미국식 옐로머스터드와는
완전히 다른 맛을 내니,
꼭 디종머스터드를 사용하세요.

치킨파우더

빠른 시간에 효율적으로 수프의
맛을 끌어올릴 닭육수를 만들고
싶다면 치킨파우더를 사용하는 것도
좋습니다. 가장 무난하고 자연스러운
맛을 내는 이금기 치킨파우더를
주로 사용해요.

*** 닭육수 만들기**
뜨거운 물 1컵(200㎖)에 치킨파우더
2g을 넣고 잘 녹입니다.

발사믹비네거 · 화이트발사믹비네거

폰타나의 발사믹식초 골드, 폰티의
화이트발사믹비네거를 사용합니다.
이탈리아 모데나에서 IGP 인증을
받은 폰타나 발사믹식초는 장기간
오크 숙성해 우디한 풍미가 있어요.
두 제품 모두 가격이 적당하고 맛도
무난해 가정에서 활용하기 좋아요

식초

깔끔한 맛과 투명한 색을 내기
위해 하인즈의 화이트식초를
주로 사용합니다. 옥수수 주정을
발효시켜 만든 것으로 산미가
적당하고 피클 등 절임요리를 할 때
특히 활용하기 좋아요.

올리브오일

폰타나, 라퐁의 엑스트라버진
올리브오일을 추천해요. 스페인
아르베끼나 단일 품종으로 만든 폰타나
올리브오일은 아몬드, 과일 풍미가
살아 있어 샐러드에 활용하기 좋아요.
라퐁의 알 알마 오히블랑까는 가격대가
꽤 높지만 올리브 본연의 맛을 살리고
싶은 메뉴에 자주 사용해요.

미리 만들어두는 사이드디쉬와 소스&드레싱

저장성도 좋고, 활용도가 높아 미리 만들어두면 유용한 소스와 드레싱, 사이드디쉬를 소개합니다. 사이드디쉬는 건강한 채식 메뉴 위주로 구성해 어느 메뉴에 더해도 영양적으로 밸런스를 맞춰주니, 탄수화물 비중이 높은 요리에 곁들여 보세요.

[사이드디쉬]

제철 채소피클

냉장 보관 1개월

제철 채소(당근, 그린빈, 오이 등) 500g, 물 1/2컵(100㎖), 설탕 100g, 식초 1/2컵(100㎖), 소금 3g, 월계수 잎 1장, 피클링스파이스 1작은술, 딜 약간

1 — 채소는 적당한 크기로 손질한다.
   * 계절에 맞게 풋토마토, 할라페뇨, 콜리플라워, 파프리카, 래디시, 셀러리 등 다양한 재료로 대체할 수 있다.
2 — 냄비에 채소, 딜을 제외한 나머지 재료를 모두 넣고 중간 불에서 끓어오르면 불에서 내려 한김 식힌다.
3 — 밀폐용기에 손질한 채소와 딜을 담고, ②를 채소가 모두 잠길 만큼 부어 2~3시간 실온에 숙성시킨 후 냉장 보관한다.

비트 당근샐러드 ———— 냉장 보관 3일

비트 200g, 당근 1개(200g), 올리브오일 3큰술,
소금 4g, 백후춧가루 약간, 큐민파우더 약간,
머스터드드레싱 적당량 * 만들기 29쪽

1 — 비트와 당근은 한입 크기로 썬 후 올리브오일, 소금,
　　백후춧가루, 큐민파우더를 넣고 버무린다.
2 — 오븐팬에 ①을 펼치고 180℃로 예열한 오븐에서
　　15~20분간 부드럽게 익을 때까지 굽는다.
3 — 뜨거울 때 머스터드드레싱을 골고루 뿌려 흡수시킨다.
4 — 한김 식으면 머스터드드레싱을 추가로 넣어 버무린다.

코울슬로 ———— 냉장 보관 1일

양배추 1/3통(500g), 플레인요거트 50g, 마요네즈 100g,
디종머스터드 5g, 설탕 40g, 소금 3g, 레몬즙 20g,
식초 5g, 백후춧가루 약간

1 — 양배추를 제외한 모든 재료를 볼에 넣고 거품기로 섞는다.
　　* 코울슬로드레싱은 밀봉하여 2주 동안 냉장 보관 가능하다.
2 — 양배추는 곱게 채 썬 후 찬물에 30분간 담갔다가
　　물기를 제거한다.
3 — 드레싱과 양배추를 골고루 버무린다.
　　* 재료를 미리 만들어두고 필요할 때마다 버무려 낸다.
　　양배추 100g에 코울슬로드레싱 2큰술 정도면 적당하다.

파프리카 오일절임 ——————— 냉장 보관 1개월

파프리카 2개, 올리브오일 약간 + 2컵(400㎖), 소금 약간,
타임 약간

1 — 파프리카 겉면에 올리브오일(약간)을 골고루 묻힌다.
2 — 오븐팬에 파프리카를 올리고 180~200℃로 예열한 오븐에
　　넣어 껍질이 갈색이 될 때까지 굽는다.
3 — 구운 파프리카를 식힌 후 껍질을 벗기고 씨를 제거한다.
4 — 파프리카를 적당한 크기로 썰고 소금에 버무린다.
　　* 구워 손질한 파프리카 무게의 0.5%의 소금을 사용한다.
5 — 밀폐용기에 타임과 함께 담고 파프리카가 잠길 정도로
　　올리브오일(2컵)을 부은 후 이틀간 숙성시킨다.
　　* 샌드위치나 스테이크에 곁들인다.

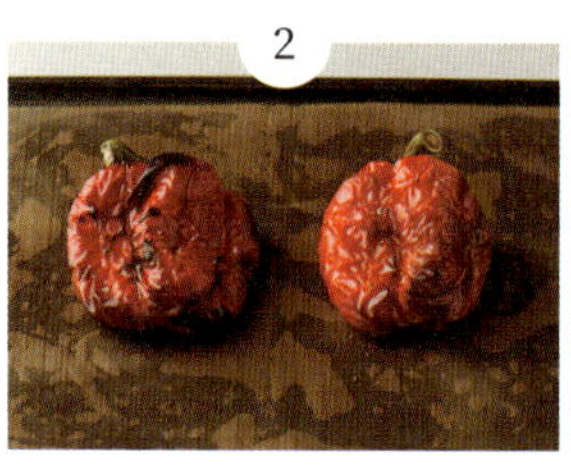

2

5

당근라페 ——————— 냉장 보관 1주

당근 2와 1/2개(500g), 소금 5g, 디종머스터드 20g, 꿀 10g,
레몬즙 30g, 설탕 10g, 백후춧가루 약간, 올리브오일 70g

1 — 당근은 곱게 채 썬다.
2 — 당근을 소금에 1시간 동안 절이고, 물기를 꼭 짠다.
3 — 디종머스터드, 꿀, 레몬즙, 설탕, 백후춧가루,
　　올리브오일을 넣고 섞어 드레싱을 만든다.
4 — 절인 당근에 드레싱을 붓고 골고루 섞어
　　밀폐용기에 담는다.

2

3

후무스 —————————————— 냉장 보관 3일

삶은 병아리콩 300g * 만들기 16쪽, 마늘 1개,
소금 1/2작은술, 큐민파우더 약간, 후춧가루 약간,
올리브오일 2큰술, 타히니소스 2큰술(생략 가능),

1 — 삶은 병아리콩은 체에 밭쳐 물기를 제거한다.
　　콩 삶은 물도 따로 덜어둔다.
2 — 모든 재료를 바믹서로 곱게 간다.
　　* 너무 뻑뻑하면 콩 삶은 물을 조금씩 더해가며 간다.
　　* 완성 후에는 올리브오일과 함께 큐민, 레드페퍼,
　　고운 고춧가루 등 원하는 향신료를 뿌려 낸다.

[소스]

수제 마요네즈 —————————————— 냉장 보관 2주

달걀 1개, 아보카도오일 1컵(200㎖, 또는 포도씨유), 소금 2g,
레몬즙 2작은술, 화이트발사믹비네거 20㎖, 디종머스터드 5g

1 — 모든 재료를 바믹서로 10~15초간 섞는다.
　　* 앤초비, 바질, 올리브, 썬드라이드토마토 등의
　　재료를 함께 섞어도 좋다.

양파잼 ——— 냉동 보관 1개월

양파 2와 1/2개(500g), 버터 1큰술, 올리브오일 1큰술, 소금 3g

1 — 양파는 균일한 두께로 슬라이스한다.
2 — 중간 불로 달군 넓고 평평한 팬에 버터와 올리브오일을
　　 두르고 양파를 넣어 볶는다.
3 — 소금을 넣고 타지 않도록 한 번씩 뒤적이면서
　　 캐러멜색이 날 때까지 30분~1시간 볶는다.
4 — 한 번 사용할 만큼씩 소분하여 냉동한다.
　　 * 사용 전 냉장고로 옮겨 하루 동안 해동한다.

바질페스토 ———

냉장 보관 3일, 냉동 보관 1개월

바질 100g, 올리브오일 50g,
잣 20g(또는 캐슈넛, 아몬드), 마늘 1쪽, 소금 1g
그라나파다노치즈 50g(또는 페코리노치즈),

1 — 잣은 150℃로 예열한 오븐에 5분간
　　 노릇하게 구워 식힌다.
2 — 푸드프로세서에 올리브오일을
　　 제외한 모든 재료를
　　 넣고 올리브오일을
　　 흘려 넣으면서
　　 원하는 농도가
　　 될 때까지 간다.

머스터드버터 ———

냉동 보관 1개월

디종머스터드 20g, 버터 100g

1 — 실온 상태의 버터와
　　 디종머스터드를 잘 섞는다.
2 — 한 번 사용할 만큼씩 소분하여
　　 냉장 또는 냉동한다.

[드레싱]

어느 샐러드에 넣어도 잘 어울리는 드레싱을
소개합니다. 샐러드 드레싱 레시피의 포인트는
단맛과 신맛, 오일의 종류를 정하는 것인데요,
단맛, 신맛 재료와 오일의 비율을 1:2:3 정도로 잡고
입맛에 맞게 비율을 조정하면 어떤 재료로든
맛있는 드레싱을 만들 수 있습니다. 가장 간단한
네 가지 드레싱의 배합을 소개하니, 위의 방법을 활용해
이 밖에도 다양한 나만의 드레싱을 만들어보세요.

단맛	꿀, 설탕, 올리고당, 알룰로스, 아가베시럽, 과일청, 과일즙
신맛	발사믹비네거, 화이트와인비네거, 식초, 레몬즙, 라임즙
오일	엑스트라버진 올리브오일, 아보카도오일, MCT오일, 현미유, 참기름, 들기름

발사믹드레싱

- 발사믹비네거 2큰술
- 올리브오일 4큰술
- 꿀 1큰술
- 소금 1g
- 백후춧가루 약간

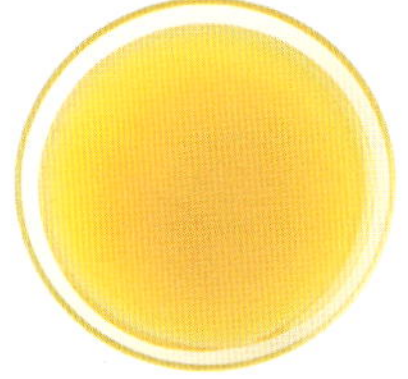

화이트발사믹드레싱

- 화이트발사믹비네거 2와 1/2큰술
- 올리브오일 4큰술
- 꿀 1큰술
- 소금 1g
- 백후춧가루 약간

레몬드레싱

- 레몬즙 1과 1/2큰술
- 올리브오일 4큰술
- 꿀 1과 1/2큰술
- 소금 1g
- 백후춧가루 약간

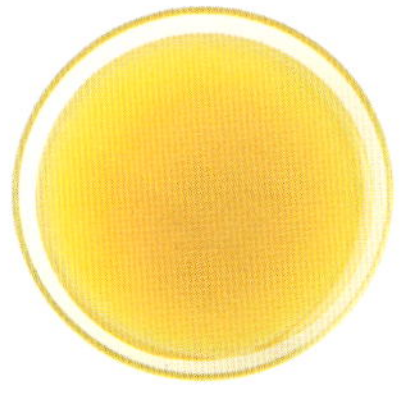

머스터드드레싱

- 디종머스터드 1/2큰술
- 레몬즙 1큰술
- 꿀 1/2큰술
- 설탕 1/2큰술
- 올리브오일 4큰술

카페 브런치 속
특별한 소스&드레싱
모아보기

저자의 노하우를 듬뿍 담은 소스와 드레싱을
한눈에 볼 수 있도록 정리했어요.
특별한 한 끗이 있어 더 맛있고, 만들기도 쉬우니,
레시피를 찾아 활용해 보세요.

채소, 과일로 만든 상큼한 소스 & 드레싱

아보카도드레싱
(63쪽)

배 아보카도드레싱
(67쪽)

토마토 파프리카소스
(119쪽)

토마토소스
(132쪽)

버터, 마요네즈, 사워크림으로 만든 크리미 소스 & 드레싱

베샤멜소스
(43쪽)

딜 사워크림소스
(65쪽)

딜 크림치즈스프레드
(88쪽)

매운 비건마요네즈
(101쪽)

모네이소스
(130쪽)

육류, 향신료, 견과류 등을 넣은 감칠맛 소스 & 드레싱

앤초비드레싱
(69쪽)

로메스코소스
(85쪽)

토마토 처트니
(99쪽)

라구소스
(130쪽)

들기름 간장드레싱
(177쪽)

Chapter 1

Classic

Brunch

“브런치 카페에서 빼놓을 수 없는
클래식 브런치 메뉴들을 소개합니다”

언제, 어디서든 누구에게든 사랑받는 클래식 기본 메뉴와
곁들이는 재료, 공정을 바꿔 풍부한 맛을 낸 응용 메뉴로 채워보았어요.
기본 메뉴일수록 식감, 익힘 정도 등 미묘한 포인트를 제대로 살리는 게 중요한데요,
레시피만 따라 해도 브런치 맛집 못지않은 맛을 낼 수 있도록
정확한 레시피를 알려드릴게요.

스크램블 에그

＋인도식 스파이시 토마토 스크램블 에그

기본

레시피 36쪽

비교적 만들기 쉬운 기본 스크램블 에그와 인도식 스크램블 에그입니다.
부지Bhurji라 부르는 인도식 스크램블 에그는 향신료가 들어가 낯설게 느껴질 수 있지만
양파, 마늘, 토마토 등의 친숙한 맛 덕분에 우리나라 사람들의 입맛에도 잘 맞아,
채소, 치즈나 빵 등을 곁들여 먹으면 좋지요. 기본 스크램블 에그는 달걀 익힘 정도에,
인도식 스크램블 에그는 수분을 날리면서 볶는 과정에 유의해 만들어보세요.

< 기본 > 스크램블 에그

2인분 | 10분

- 달걀 4개
- 생크림 1/2컵(100㎖)
- 소금 약 1/2작은술(2g)
- 백후춧가루 약간
- 식용유 1큰술
- 버터 1큰술

1 — 달걀, 생크림, 소금, 백후춧가루를 볼에 넣고
거품이 나지 않게 섞는다.
* 끝부분에 칼날이 달린 젓가락 형태의
달걀 알끈 제거기를 사용해도 좋다.

2 — 중약 불로 달군 팬에 식용유와 버터를 두른 후
버터가 녹으면 ①을 팬에 붓는다.

3 — 고무주걱으로 천천히 저으면서 적당한 질감이
될 때까지 익힌다.
* 플레이팅 도중 팬의 잔열 때문에 지나치게
익을 수 있으니 원하는 질감보다 약간 덜 익힌다.
* 토마토, 이탈리안파슬리 등을 곁들여도 좋다.

2인분 | 20분

- 달걀 4개
- 양파 1/2개
- 토마토 중간 크기 2개 정도
  (250g, 또는 토마토홀 통조림)
- 소금 약 2/3작은술(3g)
- 백후춧가루 약간
- 식용유 1큰술
- 버터 1큰술

향신 재료

- 다진 마늘 1작은술
- 다진 생강 1작은술
- 고춧가루 1작은술(생략 가능)
- 코리앤더파우더 1/2작은술(생략 가능)
- 큐민파우더 1/2작은술(생략 가능)

피니싱 재료

- 크러시드 레드페퍼 약간(생략 가능)
- 통후추 간 것 약간
- 올리브오일 약간

1 — 달걀, 소금, 백후춧가루를 볼에 넣고
거품이 나지 않게 섞는다.

2 — 양파는 곱게 다지고 토마토는 껍질을 벗겨
사방 1.5cm 크기로 썬다.

3 — 중간 불로 달군 팬에 식용유, 버터를 두른 후
②의 양파, 소금을 넣고 연한 갈색이 될 때까지 볶는다.

4 — 약한 불로 줄여 다진 마늘, 다진 생강을 넣고,
2~3분간 충분히 볶은 후 고춧가루, 코리앤더파우더,
큐민파우더를 넣고 1~2분간 더 저으면서 볶는다.
* 볶은 채소 주변에 기포가 올라오고,
기름에 향신료 향이 밸 때까지 충분히 볶는다.
* 향신료를 사용하면 보다 풍부한 맛과 향을
낼 수 있지만, 구하기 어렵다면
시판 카레가루 1~2작은술로 대체할 수 있다.

5 — ②의 토마토를 넣고 중간 불로 올려 2~3분간 볶으면서
바글바글 끓여 수분을 날린다.

6 — ①의 달걀을 붓고 달걀이 익을 때까지
고무주걱으로 잘 젓는다.

7 — 크러시드 레드페퍼, 통후추 간 것, 올리브오일을 뿌린다.
* 샐러드 채소와 아보카도, 담백한 빵 등을 곁들여도 좋다.

오믈렛

기본

레시피 40쪽

✛치즈 머시룸
오믈렛

색이 진하게 나지 않은 부드러운 겉면, 반쯤 익어 몽글몽글한 속, 완벽한 모양까지 갖춘
클래식 오믈렛을 만들려면 꽤 많은 연습이 필요한데요, 오믈렛을 쉽게 만들고 싶은 분들을 위해
채소를 살짝 볶아 넣고 반만 접으면 되는 간단 응용 버전을 함께 소개합니다.

< 기본 > 오믈렛

1인분 | 15분

- 달걀 3개
- 소금 약 1/3작은술(1g)
- 백후춧가루 약간
- 식용유 1작은술
- 버터 1작은술
- 그라나파다노치즈 간 것 약간
- 통후추 간 것 약간

1 — 달걀, 소금, 백후춧가루를 볼에 넣고
거품이 나지 않게 섞은 후 체에 내린다.
* 체에 내리면 알끈이 제거되어 훨씬 더 부드러운
오믈렛을 완성할 수 있다.

2 — 중약 불로 달군 지름 약 15cm의 코팅팬에
식용유, 버터를 두른 후 ①을 붓고 나무젓가락으로
저어가며 익힌다.

3 — 반쯤 익었을 때 약한 불로 줄인 후 팬을 기울여
형태를 잡으면서 천천히 익힌다.

4 — 적당한 모양이 잡히면 접시에 담고
그라나파다노치즈 간 것, 통후추 간 것을 뿌린다.

1~2인분 | 20분

- 달걀 3개
- 양파 1/3개
- 양송이버섯 2개
- 시금치 1줌
- 소금 약 1/3작은술(1g) + 약 1/3작은술(1g)
- 그라나파다노치즈 간 것
  약 2큰술(10g) + 약간
- 슈레드 체다치즈 1/2컵
  (또는 슈레드 모짜렐라치즈)
- 통후추 간 것 약간

1 — 볼에 달걀, 소금(1g)과 그라나파다노치즈 간 것(10g)을
    넣고 거품이 나지 않게 잘 섞는다.

2 — 양송이버섯은 얇게 슬라이스한다. 시금치는
    한입 크기로, 양파는 사방 1cm 크기로 썬다.

3 — 중간 불로 달군 팬에 식용유를 두른 후 양파를 볶다가
    연갈색이 돌면 버섯을 넣어 익을 때까지 볶는다.

4 — 시금치를 넣고 소금(1g)으로 간한 후 가볍게 볶는다.

5 — 중간 불로 달군 지름 약 15cm의 코팅팬에 식용유를
    두르고 ①을 넣어 고무주걱으로 저어가며 익힌다.

6 — 반쯤 익었을 때 약한 불로 줄인 후
    ④와 슈레드 체다치즈를 달걀의 절반이 덮이도록
    올리고 달걀을 반으로 접는다.

7 — 그라나파다노치즈 간 것(약간), 통후추 간 것을 뿌린다.
    * 이탈리안파슬리 잎을 올려 장식해도 좋다.

크로크무슈

크로크무슈, 하면 보통 식빵 사이에 햄과 치즈가
들어간 비주얼이 떠오르지만 클래식한 크로크무슈는
이렇게 사워도우 빵에 베샤멜소스, 그뤼에르치즈가
들어간 것이 특징입니다. 만들기도 어렵지 않고,
한번 맛보면 정통 프랑스식 브런치의 매력에
푹 빠지게 될 거예요.

1인분 | 20분

- 사워도우 빵 2장
- 디종머스터드 1/2큰술
- 베샤멜소스 3큰술
- 그뤼에르치즈 50g(또는 콩테치즈,
  슈레드 모짜렐라치즈)
- 잠봉 2장(20g)
- 통후추 간 것 약간

▶ 베샤멜소스(완성 : 약 320g 분량)

- 버터 30g
- 밀가루 10g
- 우유 1과 1/2컵(300㎖)
- 소금 약간
- 백후춧가루 약간

베샤멜소스 만들기

1 — 가장 약한 불로 달군 냄비에 버터를 두르고
밀가루를 넣어 끈기가 없어질 때까지 볶는다.
* 색이 나지 않도록 주의한다.

2 — 따뜻하게 데운 우유를 넣고 중약 불로 올린 후
농도가 생길 때까지 고무주걱으로 저어가며 가열한다.

3 — 살짝 끓기 시작하면 불에서 내려 소금, 백후춧가루로
간을 하고 베샤멜소스를 완성한다.
* 베샤멜소스는 필요한 만큼 소분하여
냉장에서 일주일, 냉동에서 한 달까지 보관 가능하다.
수프, 스튜, 그라탱 등의 크리미한 맛을 내는
소스로 활용 가능하다.

크로크무슈 완성하기

4 — 두 장의 사워도우 빵 한쪽 면에 디종머스터드를 각각
펴 바르고 베샤멜소스를 듬뿍 올린다.

5 — ④의 사워도우 빵 한 장에 잠봉, 그뤼에르치즈 1/2 분량,
다른 한 장에 그뤼에르치즈 1/2 분량을 얹고 두 장을
겹친다.

6 — 180℃로 예열한 오븐에 치즈가 녹을 때까지
10분간 구운 후, 통후추 간 것을 뿌린다.

2

4

5

버터밀크 팬케이크 +이스트 팬케이크 & 치즈와플

우유에 식초를 섞어 단백질을 살짝
엉기게 만든 버터밀크로 풍미를 더한
정석 팬케이크 레시피입니다.
이스트 팬케이크는 발효시킨 빵에서
느낄 수 있는 감칠맛이 더해진
팬케이크예요. 같은 반죽에 치즈를 넣고
와플팬에 구워 짭짤하게 즐기는
방법도 함께 소개합니다.

응용

레시피 47쪽

< 기본 > 버터밀크 팬케이크

지름 15cm 4장 분량 | 20분

- 박력분 100g
- 달걀 1개
- 소금 1g
- 설탕 15g
- 플레인요거트 40g
- 탈지분유 15g
- 베이킹파우더 4g
- 베이킹소다 1g
- 녹인 버터 10g
- 식용유 약간
- 버터 약간

버터밀크

- 우유 80g(80㎖)
- 식초 1작은술

1 — 볼에 미지근한 우유와 식초를 넣고 섞어
버터밀크를 만든다.
* 버터밀크는 팬케이크에 촉촉한 식감과
감칠맛을 더해준다.

2 — 다른 볼에 달걀, 설탕을 넣고 설탕이 녹을 때까지
섞은 후 ①, 플레인요거트를 넣고 섞는다.

3 — 가루 재료(박력분, 탈지분유, 베이킹파우더,
베이킹소다, 소금)를 체 친 후 ②에 넣고
가루가 보이지 않을 때까지 섞는다.

4 — 녹인 버터를 넣고 섞은 후 실온에서 5~10분간 휴지한다.
* 버터밀크와 베이킹소다가 섞이면서 반죽에 거품이
생기고 살짝 부풀어 오른다. 휴지한 반죽은
바로 사용해야 구웠을 때 볼륨, 식감이 좋다.

5 — 중약 불로 달군 팬에 식용유를 두르고 반죽을 덜어
굽는다. 윗면에 기포가 올라오기 시작하면 뒤집어
반대쪽도 충분히 익힌다.
* 팬에 반죽을 붓기 전 키친타월로 식용유를
얇고 고르게 펴 바른다.

6 — 접시에 담고 뜨거울 때 버터를 올린다.

지름 15cm 4장 분량 │ 10분(+ 발효 1시간)

- 중력분 100g
- 달걀 1개
- 설탕 20g
- 소금 2g
- 물 10g
- 드라이이스트 4g
- 우유 130g(130㎖)
- 녹인 버터 25g
- 식용유 약간

치즈와플 추가 재료
- 슈레드 체다치즈 40g(또는 고다치즈,
  하바티치즈, 모짜렐라치즈)

1 — 볼에 28~30℃의 미지근한 물, 드라이이스트를
　　 넣어 푼 후 우유를 넣고 섞는다.

2 — 달걀, 설탕을 넣고 섞은 후, 중력분, 소금을 체 쳐
　　 넣고 가루가 보이지 않을 때까지 섞는다.

3 — 녹인 버터를 넣어 섞고 랩을 씌운 후 실온에서
　　 1시간 동안 발효시킨다.
　　 * 발효가 잘 된 반죽은 거품이 부글부글 올라온다.

4-1 — 중약 불로 달군 팬에 식용유를 두르고 반죽을 덜어
　　 앞뒤로 고르게 굽는다. → **이스트 팬케이크**
　　 * 팬에 반죽을 붓기 전 키친타월로 식용유를
　　 얇고 고르게 펴 바른다.

4-2 — 달군 와플팬에 식용유를 두른 후 반죽을 붓고,
　　 슈레드 체다치즈를 올린 후 남은 반죽으로 덮어
　　 앞뒤로 노릇하게 굽는다. → **치즈와플**
　　 * 바삭하게 구운 베이컨, 달걀프라이, 메이플시럽 등을
　　 곁들여도 좋다.

2

3

4-2

프렌치토스트

╋세이버리
프렌치토스트

클래식한 프렌치토스트의 포인트는 딱 적당한 당도의 달걀물.
달걀물이 부드럽게 배어든 풍부한 맛의 브리오슈에
바닐라시럽을 뿌리면 누구나 좋아할 만한 맛으로 완성됩니다.
세이버리Savoury란 입맛을 돋울 때나 식후 마무리로 먹는 짭짤한 요리를
뜻하는데요, 세이버리를 접목시킨 프렌치토스트에는
디종머스터드, 마늘가루로 감칠맛을 더했으니
생햄, 치즈를 곁들여 한층 더 풍성하게 즐겨보세요.

응용

레시피 51쪽

< 기본 > 프렌치토스트

1인분 | 15분

- 브리오슈 식빵 1장(4cm 두께)
- 달걀물 1컵(200㎖)
- 식용유 1큰술
- 버터 1큰술
- 슈거파우더 약간

▶ 달걀물(완성 : 400~420g 분량)

- 달걀 3개
- 우유 120g
- 생크림 120g
- 설탕 15g
- 연유 15g
- 소금 0.5g(한꼬집 정도)
- 바닐라페이스트 1/4작은술
  (또는 바닐라익스트랙트 1/4작은술,
  바닐라빈 1/4개)

바닐라시럽(완성 : 약 200g 분량)

- 물 100g
- 설탕 50g
- 머스코바도 50g
- 바닐라빈 1/4개

바닐라시럽과 달걀물 만들기

1 — 바닐라시럽 재료를 냄비에 넣고 중약 불로 가열한 후
끓어오르면 불에서 내려 식힌다.
* 남은 시럽은 10일 동안 냉장 보관 가능하다.
바닐라라떼 등에 활용할 수 있다.

2 — 볼에 달걀물 재료를 모두 넣고
거품이 나지 않게 섞은 후 체에 거른다.
* 남은 달걀물은 3일 동안 냉장 보관 가능하다.
브레드푸딩(140쪽)에 활용해도 좋다.

프렌치토스트 완성하기

3 — 브리오슈 식빵은 대각선으로 반 잘라
깊고 평평한 그릇에 담고, ②의 달걀물을 부어
앞뒤로 뒤집어 가며 10분 이상 흠뻑 적신다.

4 — 중간 불로 달군 팬에 식용유를 두르고 약한 불로
줄인 후, ③을 올려 모든 면을 노릇노릇하게 굽는다.

5 — 팬에 다시 버터를 녹인 후 모든 면이 옅은 갈색을 띠도록
한 번 더 굽는다.

6 — 슈거파우더를 골고루 뿌리고 ①의 바닐라시럽을
취향에 맞게 곁들인다.
* 설탕을 뿌려 토치로 그을린 바나나를 곁들이면
더 맛있게 먹을 수 있다.

2

3

5

1인분 | 20분

- 사워도우 빵 2장
- 달걀물 3/4컵(150㎖)
- 식용유 1큰술
- 버터 1큰술
- 그라나파다노치즈 간 것 약간
- 다진 이탈리안파슬리 약간
- 올리브오일 약간

▶ **달걀물(완성 : 400~420g 분량)**
- 달걀 3개
- 우유 120g
- 생크림 120g
- 연유 10g
- 소금 1g
- 디종머스터드 1작은술
- 사워크림 1큰술
- 마늘가루 1/4작은술(또는 다진 마늘 1작은술)
- 통후추 간 것 약간
- 그라나파다노치즈 간 것 2큰술
- 다진 이탈리안파슬리 약간

달걀물 만들기

1 — 볼에 이탈리안파슬리를 제외한 달걀물 재료를
모두 넣고 거품이 나지 않게 섞는다.
체에 거른 후 다진 이탈리안파슬리를 넣고 섞는다.
* 남은 달걀물은 3일 동안 냉장 보관 가능하다.

프렌치토스트 완성하기

2 — 사워도우 빵은 깊고 평평한 그릇에 담고,
①의 달걀물을 부어 앞뒤로 뒤집어 가며
10분 이상 흠뻑 적신다.

3 — 중간 불로 예열한 팬에 식용유를 두르고 약한 불로
줄인 후, ②를 올려 모든 면을 노릇노릇하게 굽는다.

4 — 팬에 다시 버터를 녹인 후 모든 면이 옅은 갈색을
띠도록 한 번 더 굽는다.

5 — 그라나파다노치즈 간 것, 다진 이탈리안파슬리,
올리브오일을 뿌린다.
* 잠봉, 베이컨, 소시지나 피클, 케이퍼베리 등을
곁들이면 잘 어울린다.

1

2

4

베리 더치베이비

+햄 치즈 더치베이비

기본

레시피 54쪽

독일식 팬케이크인 더치베이비는 베이킹파우더 같은 팽창제 없이, 높은 온도만으로
부풀려 만드는 독특한 메뉴입니다. 곁들이는 재료에 따라 무궁무진한 응용이 가능하지만,
레몬즙과 슈거파우더를 뿌린 클래식한 조합에서 진가가 드러납니다. 고온에서 아주 뜨겁게
예열한 무쇠팬을 사용해야 완벽한 더치베이비 만들기에 성공할 수 있어요.

< 기본 > 베리 더치베이비

지름 20cm 원형 무쇠팬 1개 분량 | 30분

- 박력분 40g
- 달걀 80g
- 우유 80g
- 소금 1g
- 설탕 5g
- 버터 1큰술
- 슈거파우더 적당량
- 레몬즙 1/2개 분량

베리콩포트
- 냉동 믹스베리 100g(또는 블루베리)
- 설탕 30g
- 키르쉬 1작은술(생략 가능)

마스카포네 생크림
- 마스카포네치즈 30g
- 생크림 100g
- 설탕 10g

베리콩포트와 마스카포네 생크림 만들기

1 — 작은 냄비에 믹스베리, 설탕을 넣고 중약 불에서 끓어오르면 불에서 내린 후 키르쉬를 섞는다.
  * 볼에 모든 재료를 넣고 랩을 씌운 후, 전자레인지에 30초씩 끓어가며 설탕이 녹을 때까지 돌리면 더 간편하게 만들 수 있다. 완성된 콩포트는 밀봉하여 1주일간 냉장 보관 가능하다.

2 — 볼에 마스카포네 생크림 재료를 넣고 휘핑한다.
  * 3일간 냉장 보관 가능하다.

더치베이비 완성하기

3 — 무쇠팬을 컨벡션오븐에 넣고 220℃로 예열한다.

4 — 볼에 달걀, 우유, 소금, 설탕을 넣고 거품기로 섞는다.

5 — 박력분을 체 쳐 넣고 뭉치지 않게 거품기로 섞는다.

6 — 예열한 무쇠팬에 버터를 넣은 후 ⑤의 반죽을 붓고 다시 220℃ 오븐에 넣어 10~15분간 먹음직스러운 갈색이 나도록 굽는다.
  * 팬이 식기 전에 반죽을 붓고 오븐에도 재빨리 팬을 넣어야 완성도 높은 더치베이비를 만들 수 있다.

7 — 오븐에서 팬을 꺼내 슈거파우더, 레몬즙을 골고루 뿌리고, 베리콩포트와 마스카포네 생크림을 취향에 맞게 곁들인다.
  * 블루베리나 산딸기 등의 과일, 민트 잎을 곁들여도 좋다.

1

4

5

지름 20cm 원형 무쇠팬 1개 분량 │ 30분

- 박력분 40g
- 달걀 80g
- 우유 80g
- 소금 1g
- 설탕 5g
- 버터 1큰술

토핑과 피니싱 재료
- 프로슈토 3장
- 부라타치즈 1개
- 그라나파다노치즈 약간
- 통후추 간 것 약간
- 레몬제스트 약간
- 메이플시럽 1/2큰술
- 올리브오일 약간

1 — 무쇠팬을 컨벡션오븐에 넣고 220℃로 예열한다.

2 — 볼에 달걀, 우유, 소금, 설탕을 넣고 거품기로 섞는다.

3 — 박력분을 체 쳐 넣고 뭉치지 않게 거품기로 섞는다.

4 — 예열한 무쇠팬에 버터를 넣은 후 ③의 반죽을
   팬에 붓고 다시 220℃ 오븐에 넣어 10~15분간
   먹음직스러운 갈색이 나도록 굽는다.
   ＊ 팬이 식기 전에 반죽을 붓고 오븐에도 재빨리 팬을
   넣어야 완성도 높은 더치베이비를 만들 수 있다.

5 — 오븐에서 팬을 꺼내 프로슈토, 부라타치즈를 올린 후
   얇게 저민 그라나파다노치즈, 통후추 간 것,
   레몬제스트, 메이플시럽, 올리브오일을 뿌린다.

4-1　　4-2

Salad

샤인머스캣
보코치니샐러드

+ 화이트발사믹드레싱

여름부터 가을까지 나오는 샤인머스캣을
이용한 메뉴입니다. 재료도, 공정도 아주
간단하지만 민트 잎이나 장식용 꽃으로 살짝만
꾸며도 테이블 분위기를 살려주는 유용한
메뉴이니, 샤인머스캣 철에 꼭 활용해 보세요.

2인분 | 15분

- 샤인머스캣 7~9알
  (100g, 또는 체리나 방울토마토)
- 보코치니치즈 100g
- 블루베리 10알
- 애플민트 잎 5장(또는 스피아민트)
- 수레국화꽃 약간(생략 가능)
- 화이트발사믹드레싱 약 1과 1/2큰술(20㎖)
  * 만들기 29쪽

1 — 샤인머스캣은 반으로 자르고,
    애플민트 잎은 굵게 다진다.

2 — 보코치니치즈는 키친타월로 물기를 제거한다.

3 — 샤인머스캣을 접시에 줄지어 세우고,
    블루베리, 보코치니치즈를 사이사이에 넣은 후
    애플민트 잎, 수레국화꽃으로 장식한다.

4 — 화이트발사믹드레싱을 뿌린다.

강낭콩샐러드
+ 화이트발사믹드레싱

삶은 콩만 있으면 아주 쉽게 만들 수 있는
샐러드입니다. 부드러운 강낭콩과 입맛을 돋우는
드레싱의 조합이 어우러져, 콩을 좋아하지 않는
사람들에게도 의외로 좋은 반응을 이끌어낼
수 있어요. 단독으로 먹어도 충분해, 직원들의
스텝밀로 특히 인기 있답니다.

2인분 | 15분

- 삶은 강낭콩 2컵
  (또는 병아리콩, 렌틸콩) * 만들기 16쪽
- 셀러리 10cm
- 그린빈 5줄기
- 샬롯 1/2개(또는 적양파 1/4개)
- 올리브오일 3큰술
- 화이트발사믹드레싱 1/2컵
  (약 7큰술, 100㎖) * 만들기 29쪽
- 통후추 간 것 약간

1 — 그린빈은 끓는 물에 2~3분 데치고 얼음물에
식힌 후 반으로 어슷하게 썬다.

2 — 셀러리는 사방 0.5cm 크기로 썰고,
샬롯은 곱게 다진다.

3 — 중약 불로 달군 팬에 올리브오일을 두르고
샬롯을 볶다가 투명하게 익으면 셀러리와 강낭콩,
그린빈을 넣고 2분간 볶는다.

4 — 화이트발사믹드레싱을 넣고 1분간 볶는다.

5 — 살짝 끓기 시작하면 불에서 내려 그릇에 담고,
통후추 간 것을 뿌린다.
* 딜꽃, 레몬 조각 등으로 장식한다.

초당옥수수
아보카도샐러드

+ 아보카도드레싱

멕시코 요리를 떠올리게 하는 아보카도와
옥수수 조합을 메인으로, 간식처럼 가볍게
즐길 수 있는 샐러드를 만들었습니다.
토치에 그을린 초당옥수수 알갱이가 달큰하고
튀는 맛 없이 부드러워 아이들도 좋아하는
메뉴입니다.

2인분 │ 15분

- 초당옥수수 1개
  (또는 삶은 병아리콩, 토마토, 망고)
- 아보카도 1개
- 오이 1/2개
- 나초칩 적당량
- 다진 이탈리안파슬리 약간
  (또는 다진 고수)

아보카도드레싱

- 아보카도 1/2개
- 아보카도오일 1/2컵(약 7큰술, 100㎖)
- 꿀 1큰술(또는 아가베시럽)
- 레몬즙 2큰술
- 소금 1/4작은술
- 통후추 간 것 약간

드레싱 만들기

1 — 아보카도드레싱 재료를 바믹서로 모두 곱게 간다.

샐러드 완성하기

2 — 초당옥수수는 토치로 겉면을 그을리고,
알갱이만 칼로 잘라낸다.

3 — 아보카도, 오이는 한입 크기로 썬다.

4 — 접시 바닥에 아보카도드레싱을 펼친 후
초당옥수수, 아보카도, 오이, 나초칩을 올리고
다진 이탈리안파슬리를 뿌린다.

구운 감자
샐러드

+ 딜 사워크림소스

기름에 튀기듯 구운 감자 덕분에
고기 못지않은 만족감을 주는 메뉴입니다.
포만감이 있고 딜과 사워크림 조합이 산뜻해
스테이크의 사이드디쉬로도 좋습니다.

1~2인분 | 40분

- 감자 3개
- 소금 1작은술
- 올리브오일 3큰술
- 굵은소금 약간
- 레몬제스트 약간

딜 사워크림소스

- 사워크림 약 3/4컵(100g,
  또는 수제 마요네즈 * 만들기 27쪽)
- 딜 1줄기
- 설탕 약 2/3작은술(3g)
- 소금 약 1/3작은술(1g)
- 백후춧가루 약간

소스 만들기

1 — 딜은 잘게 다진 후 볼에 나머지 딜 사워크림소스 재료와
함께 넣고 섞는다.

샐러드 완성하기

2 — 냄비에 감자, 잠길 만큼의 물, 소금을 넣고
중간 불에서 15~25분간 삶는다.
 * 감자는 크기와 수분량에 따라 익는 시간이 다르니
 젓가락으로 찔러 속까지 익었는지 확인한다.

3 — 부드럽게 익은 감자를 체에 밭쳐 물기를 제거하고,
뜨거울 때 무거운 컵 바닥으로 눌러 반쯤 으깬다.

4 — 중약 불로 달군 팬에 감자를 올린 후, 올리브오일을
두르고 먹음직스러운 갈색이 돌 때까지 굽는다.

5 — 딜 사워크림소스를 접시에 펼친다.

6 — ④의 구운 감자를 얹고 굵은소금, 레몬제스트를 뿌린다.
 * 레몬제스트는 레몬을 깨끗하게 씻은 후 노란 겉껍질만
 얇게 벗겨 잘게 다지거나 제스터로 간다.

3

4

5

아보카도퓌레와
과일샐러드

+ 배 아보카도드레싱

식전에 입맛을 돋우기 좋은, 동서양 요리에
모두 잘 어울리는 샐러드입니다. 산뜻한 퓌레
타입의 드레싱을 넉넉히 플레이팅해서
채소와 과일에 듬뿍 묻혀 드시길 추천합니다.
사과를 단감으로 대체해도 잘 어울려요.

2인분 | 20분

- 아보카도 1/2개
- 배 1/4개
- 사과 1/2개(또는 감)
- 와일드루꼴라 1줌
- 통후추 간 것 약간

배 아보카도드레싱

- 배 1/2개
- 아보카도 1/2개
- 양파 1/8개
- 마늘 1쪽
- 식초 1큰술
- 레몬즙 3큰술
- 설탕 1큰술
- 소금 1/4작은술
- 포도씨유 1/2컵(약 7큰술, 100㎖)

드레싱 만들기

1 — 배 아보카도드레싱 재료 중 포도씨유를 제외한
모든 재료를 바믹서로 간다.

2 — 포도씨유를 넣고 섞어 배 아보카도드레싱을 만든다.
* 오일을 처음부터 함께 넣으면 소금과 설탕이
잘 녹지 않는다.

샐러드 완성하기

3 — 아보카도, 배, 사과는 얇게 슬라이스한다.
* 샐러드의 풍부한 색감을 위해 껍질이 노란
시나노 골드 품종을 함께 사용했다.

4 — 접시에 배 아보카도드레싱을 펼치고
③, 와일드루꼴라를 올린 후 통후추 간 것을 뿌린다.
* 레몬을 한 조각 잘라 얹어도 좋다.

니수아즈샐러드

+ 앤초비드레싱

풍요로운 지중해 해안의
무드를 담아낸 샐러드입니다.
어디에나 잘 어울리는
앤초비드레싱의 강렬한 감칠맛
덕분에 재료를 다양하게
대체할 수 있으니, 취향에 맞게 재료를
더하거나 바꿔가며 만들어보세요.

2인분 │ 30분

- 토마토 3/4개
- 참치 통조림 100g
- 오이 1/4개
- 감자 1~2개
- 그린빈 6줄기
- 파프리카 오일절임 100g
  * 만들기 26쪽
- 소금 약간
- 삶은 강낭콩 3~4큰술(50g)
  * 만들기 16쪽
- 달걀 1개
- 샐러드 채소 1줌
- 앤초비드레싱 3큰술
- 통후추 간 것 약간

▶ 앤초비드레싱(완성 : 100㎖ 분량)

- 앤초비 2마리
- 레몬즙 1큰술
- 화이트발사믹비네거 1큰술
- 다진 마늘 1작은술
- 그라나파다노치즈 간 것 2큰술
- 말린 오레가노 1작은술
- 올리브오일 약 1/4컵(60㎖)

드레싱 만들기

1 — 앤초비드레싱 재료를 모두 바믹서로 곱게 간다.
　　* 남은 드레싱은 밀봉 후 냉장에서 일주일간
　　보관 가능하다.

샐러드 완성하기

2 — 토마토는 한입 크기로, 오이는 0.5cm 두께로 썰고
　　참치는 체에 밭쳐 기름기를 제거한다.
　　샐러드 채소는 한입 크기로 썬다.
　　* 샐러드 채소는 로메인, 라디치오 등을 사용한다.

3 — 냄비에 감자, 잠길 만큼의 물, 소금을 넣고
　　중간 불에서 15분간 삶는다.
　　* 감자는 샐러드의 풍부한 색감을 위해 홍감자를 함께
　　사용했다. 큰 감자는 잘라서 삶으면 더 빨리 익힐 수 있다.

4 — 그린빈은 끓는 물에 2~3분간 데치고
　　얼음물에 담가 식힌 후 물기를 제거한다.

5 — 달걀은 끓는 물에 넣고 9분간 삶아 반으로 자른다.

6 — 모든 재료를 그릇에 먹기 좋게 담고, 통후추 간 것을
　　뿌린 후 앤초비드레싱을 취향껏 곁들인다.
　　* 올리브, 케이퍼베리, 바질 잎 등을 곁들여도 좋다.

복숭아 프로슈토샐러드

+ 화이트발사믹드레싱

복숭아, 살구 등의 핵과류 과일은 프로슈토 같은 생햄과 잘 어울리는데, 부라타치즈의 부드러운 우유 풍미까지 한데 어우러져 조화로운 맛을 내는 샐러드입니다. 비주얼도 아름다워서 매장에서 판매하거나 SNS에 업로드했을 때 엄청난 인기를 끈 특별 메뉴예요.

2인분 | 15분

- 천도복숭아 1개(또는 무화과)
- 살구 2개(또는 자두)
- 부라타치즈 1개
  (또는 리코타치즈, 모짜렐라치즈)
- 와일드루꼴라 50g
- 애플민트 잎 5장
- 프로슈토 2장
- 화이트발사믹드레싱 1/4컵(50㎖)
  ＊ 만들기 29쪽
- 통후추 간 것 약간
- 올리브오일 약간

1 — 천도복숭아, 살구는 한입 크기로 썬다.

2 — 부라타치즈는 키친타월로 물기를 제거한다.

3 — 접시에 와일드루꼴라를 깔고 천도복숭아와 살구, 프로슈토를 군데군데 얹은 후 부라타치즈를 찢어서 올린다.

4 — 화이트발사믹드레싱을 골고루 뿌리고 통후추 간 것, 올리브오일을 뿌린다.

부라타치즈
판자넬라샐러드
+ 화이트발사믹드레싱

다양한 채소에 치즈, 크루통까지 들어가
탄단지가 모두 갖춰진 샐러드. 만들어두면
시간이 지날수록 드레싱이 배어들어 더 맛있어지기
때문에 넉넉히 준비해 두기에도 좋아요.
평소 브런치 카페 메뉴가 양이 적다고 느끼는
분들도 한 그릇 먹고 나면 만족하게 된답니다.

1인분 │ 15분

- 부라타치즈 1개
- 방울토마토 10개
- 블랙올리브 5알
- 샬롯 1/3개(또는 적양파 1/4개)
- 바질 잎 2장
- 와일드루꼴라 1줌
- 크루통 50g * 만들기 141쪽
- 화이트발사믹드레싱 약 3큰술(40㎖)
  * 만들기 29쪽
- 통후추 간 것 약간
- 올리브오일 약간

1 — 부라타치즈는 키친타월로 물기를 제거한다.

2 — 방울토마토, 올리브는 2등분한다.
    샬롯, 바질 잎은 곱게 다진다.

3 — ②, 크루통을 볼에 넣고 화이트발사믹드레싱(2큰술)을
    골고루 뿌려 잘 섞는다.
    * 식빵, 치아바타 등 부드러운 빵으로 만든 크루통을
    사용하면 드레싱의 수분을 머금어 지나치게 풀어지기
    때문에 사워도우 빵으로 만든 크루통을 사용한다.

4 — 그릇에 ③을 담고 부라타치즈와 와일드루꼴라를
    올린 후 남은 드레싱(1큰술)과 통후추 간 것,
    올리브오일을 골고루 뿌린다.
    * 완성된 샐러드를 하루 냉장 보관하면
    크루통이 드레싱을 머금어 쫄깃해진다.
    취향에 맞게 미리 만들어두었다가 먹어도 좋다.

퀴노아볼 샐러드

+ 레몬드레싱

슈퍼푸드인 퀴노아는 단백질 함유량이 높고 씹을수록 맛이 고소해 건강을 생각하는 분들은 매우 즐겨 먹는 재료입니다. 한 끼 대용으로 든든하게, 상큼한 채소와 드레싱으로 부담 없이 먹을 수 있도록 준비한 메뉴입니다.

1인분 | 20분(+ 퀴노아 불리기 1시간)

- 퀴노아 1/2컵
  (100㎖, 또는 삶은 렌틸콩이나 현미밥)
- 토마토 1/2개
- 아보카도 1/2개
- 오이 1/4개
- 샬롯 1/2개(또는 양파 1/4개)
- 와일드루꼴라 1줌
- 바질 잎 2장
- 이탈리안파슬리 약간
- 레몬드레싱 2큰술 * 만들기 29쪽
- 물 1컵(200㎖)
- 소금 1/4작은술

1 — 퀴노아는 흐르는 물에 씻은 후 1시간 동안 불린다.

2 — 냄비에 불린 퀴노아, 물(1컵), 소금을 넣고 뚜껑을 덮은 후 중약 불에서 끓어오르면 약 10분간 삶는다. 퀴노아가 익으면서 물기가 사라지면 불에서 내려 뚜껑을 덮은 채로 10분간 뜸들인다.
   * 삶은 퀴노아는 냉장에서 3일간 보관할 수 있다.

3 — 토마토, 아보카도, 오이는 사방 2cm 크기로 썬다.

4 — 샬롯은 0.2cm 두께로 슬라이스한 다음 찬물에 15분간 담가 매운맛을 빼고 물기를 제거한다.

5 — 바질 잎, 이탈리안파슬리는 곱게 다져 ②의 퀴노아와 섞는다.

6 — ③, ④, ⑤, 와일드루꼴라를 그릇에 담고 통후추 간 것, 레몬드레싱을 뿌린다.

2

3

4

이탈리안
곡물샐러드
+ 화이트발사믹드레싱

인살라타 디 리조Insalata di Riso라 불리는
이 곡물샐러드는 밥 한 그릇만큼의 곡물이 들어가
속을 아주 든든하게 채워주는 메뉴예요.
완성해서 냉장 보관하면 2~3일까지도 끄떡없어,
바쁜 주중을 위한 밀프렙 메뉴로도 추천합니다.

2인분 │ 30분

- 쌀 1컵(200㎖, 또는 잡곡)
- 양파 1/2개
- 파프리카 1/2개
- 다진 마늘 1/2큰술(5g)
- 올리브오일 2큰술 + 1큰술
- 화이트와인 약 3큰술(40㎖)
- 닭육수 2컵(400㎖)
  * 만들기 23쪽
- 방울토마토 10개
- 바질 잎 4장
- 와일드루꼴라 10g
- 올리브 8알
- 소금 약간
- 머스터드드레싱 2큰술
  * 만들기 29쪽

1 — 양파와 파프리카는 사방 0.5cm 크기로 썬다.

2 — 방울토마토는 반으로, 와일드루꼴라는 2cm 길이로 썬다.
올리브는 굵게, 바질 잎은 곱게 다진다.

3 — 중간 불로 달군 넓은 냄비에 올리브오일(2큰술)을
두른 후 ①, 다진 마늘을 2~3분간 볶는다.

4 — 쌀을 넣고 반투명해질 때까지 볶다가
화이트와인을 넣고 끓여 알코올 향을 날린다.
* 고슬고슬한 식감을 낼 수 있도록 쌀은 불리지 않고
사용한다.

5 — 닭육수를 붓고 바글바글 끓어오르면 뚜껑을 덮고
약한 불로 줄인 후, 쌀이 충분히 익을 때까지 끓인다.
불에서 내려 뚜껑을 덮은 채로 10분 정도 뜸을 들인다.

6 — 볼에 ⑤를 따뜻할 때 덜어 넣고 ②, 머스터드드레싱,
소금을 넣고 고루 섞는다.

7 — 그릇에 담고 올리브오일(1큰술)을 뿌린다.
* 취향에 따라 문어, 새우 등을 구워 곁들여도 좋다.

1

2

5

Chapter 3

Toast
& Sandwich

"향기로운 커피가 함께하는 심플 브런치,
토스트와 샌드위치로 완성하세요"

매장에서 판매하는 토스트, 샌드위치를 만들 때 가장 신경 쓰는 것은 '단순함'입니다.
자극적인 맛의 스프레드를 듬뿍 발라 강렬한 인상을 주기보다는
돌아서도 계속 생각나는 맛을 내야 꾸준히 사랑받을 수 있어요.
복잡함을 덜어내 재료 본연의 맛이 살아 있으면서, 커피와의 조화가 훌륭해
고정 팬층이 두터운 메뉴를 모아봤습니다.

토마토
그뤼에르토스트

토마토, 머스터드, 그뤼에르치즈, 올리브오일.
너무나 간단한 조합으로 완성도 높은 맛을 내는
토스트입니다. 산미 있는 커피와 깔끔하게
어울리고, 크리미한 감자수프를 곁들이면 든든하고
조화로운 한 끼가 완성돼요.

1인분 | 8분

- 사워도우 빵 1장
- 토마토 1/2개
- 그뤼에르치즈 20g
  (또는 에멘탈치즈, 콩테치즈)
- 머스터드버터 1작은술
  * 만들기 28쪽
- 올리브오일 약간
- 통후추 간 것 약간

1 — 토마토는 1cm 두께로 2장을 썬다.

2 — 사워도우 빵 한쪽 면에 머스터드버터를 바른다.

3 — ①의 토마토를 나란히 얹고 그뤼에르치즈를
　　　그레이터로 갈아서 듬뿍 올린다.

4 — 180℃로 예열한 오븐에서 5분간 굽는다.

5 — 올리브오일, 통후추 간 것을 뿌린다.

나고야식 팥토스트

일본 나고야 지역의 명물로 유명한
달달한 팥토스트입니다. 시나몬 향이 감도는
팥과 부드러운 크림, 바짝 구운 식빵이 기분 좋은
시너지를 내는 메뉴예요. 강배전 원두로 진하게
내린 블랙커피를 함께 추천합니다.

1인분 │ 10분 (+ 팥 삶기 2시간)

- 식빵 2쪽
- 생크림 100g
- 설탕 10g
- 가염버터 20g
- 팥 조림 50g

▶ 팥 조림(완성 : 약 800g 분량)

- 팥 500g
- 물 5컵(1ℓ) + 1과 1/2컵(300㎖)
- 설탕 300g
- 물엿 120g
- 소금 4g
- 시나몬스틱 1개(또는 시나몬파우더 1g)

팥 조림 만들기

1 — 팥은 깊은 냄비에 물을 갈아가며 2번 데친 후,
다시 물(5컵)을 넣고 중약 불에서 1시간 동안 삶는다.
＊팥을 오래 데치면 팥이 부서져 다 조린 후
색이 탁해진다. 끓는 물에 팥을 넣은 후
다시 끓어오를 때까지만 가열하는 과정을 2번 반복한다.

2 — 팥이 부드럽게 으깨질 정도가 되면
불에서 내려 뚜껑을 덮고 30분간 뜸들인다.

3 — 설탕, 물엿, 물(1과 1/2컵), 소금, 시나몬스틱을 넣고
타지 않게 저어가며 중간 불에서 15분간 끓인다.
＊팥이 식으면서 뻑뻑해지기 때문에 원하는 질감보다
약간 묽은 상태까지만 조리하는 것이 좋다.
＊팥 조림은 1주일 냉장 보관, 1달 냉동 보관 가능하다.
냉동 보관한 팥은 하루 전부터 냉장 해동한다.
＊시판 팥 조림을 사용해도 좋다.

토스트 완성하기

4 — 차가운 생크림에 설탕을 넣고 휘핑한다.

5 — 식빵은 기름을 두르지 않은 팬이나 토스터로
노릇하게 바짝 굽는다.

6 — 식빵이 뜨거울 때 가염버터를 얹고,
팥 조림과 생크림을 올린다.

로메스코
대파토스트

로메스코소스와 구운 대파는 완성도 높은
조합으로 이미 널리 사랑받고 있지요.
구운 파프리카를 견과류와 함께 곱게 갈아
크리미하고 감칠맛 나는 로메스코소스, 단맛을
한껏 끌어올린 대파, 단 두 가지 요소가 만들어낸
비건 샌드위치의 풍부한 맛을 느껴보세요.

2인분 | 30분

- 곡물빵 2장
- 대파 흰 부분 2대
- 올리브오일 1큰술
- 로메스코소스 약 3~4큰술(40g)
- 핑크페퍼 약간(생략 가능)
- 고수 씨 약간(생략 가능)

▶ **로메스코소스(완성 : 약 250g 분량)**
- 파프리카 1개(200g)
- 올리브오일 약간
- 토마토페이스트 1/2큰술
- 마늘 2쪽
- 소금 1/4작은술
- 아가베시럽 1/2큰술(또는 메이플시럽)
- 캐슈넛 약 2큰술(15g, 또는 호두)
- 사워도우 빵 조각 20g
- 레몬즙 1큰술

소스 만들기

1 — 파프리카는 로메스코소스 재료의 올리브오일을
　　 골고루 발라 180℃로 예열한 오븐에서 15분간 굽고,
　　 껍질을 벗긴 후 씨를 제거한다.
　　 * 굽지 않고 토치로 껍질을 까맣게 태우는 방법도 있다.

2 — ①, 나머지 로메스코소스 재료를 푸드프로세서에
　　 모두 넣고 간다.
　　 * 소스의 농도를 잡기 위해 빵 조각을 넣어 함께 간다.
　　 비건이 아니면 다른 종류의 빵을 사용해도 좋다.

토스트 완성하기

3 — 대파는 1cm 두께로 썰고, 중간 불로 달군 팬에
　　 올리브오일을 둘러 노릇하게 굽는다.

4 — 중간 불로 달군 다른 팬에 올리브오일을 두르고
　　 곡물빵을 올려 앞뒤로 굽는다.

5 — 빵 한쪽 면에 로메스코소스를 듬뿍 바르고
　　 ③의 구운 파, 핑크페퍼, 고수 씨를 올린다.

세 가지 심플 샌드위치

오이 딜샌드위치, 당근라페 샌드위치, 햄 치즈샌드위치

누구에게나 친숙하면서 호불호가 거의 없고,
홍차와 함께 애프터눈 티 세트에 넣어도
톡톡히 제 역할을 하는 샌드위치예요.
아주 심플해 보이지만 간단한 한 끗을 더하면
더 특별하게 완성할 수 있어요, 세 가지 메뉴 간
밸런스가 뛰어나 세트로 구성해도 좋답니다.

당근라페 샌드위치
_레시피 89쪽

햄 치즈샌드위치
_레시피 89쪽

오이 딜샌드위치

1인분 | 10분(+ 오이 절이기 30분)

- 식빵 2장
- 오이 1개
- 소금 1/2작은술(2g)
- 딜 크림치즈스프레드 약 2큰술(40g)

▶ **딜 크림치즈스프레드**(완성 : 약 120g 분량)
- 크림치즈 100g
- 사워크림 20g
- 딜 3줄기
- 설탕 5g
- 소금 1g
- 백후춧가루 약간

스프레드 만들기

1 — 실온에 둔 크림치즈를 볼에 넣고
　　고무주걱으로 덩어리 없이 푼다.

2 — 딜은 잘게 다진 후 ①에
　　나머지 딜 크림치즈스프레드 재료와
　　함께 넣고 섞는다.

샌드위치 완성하기

3 — 오이는 양끝을 잘라내고 길게 반으로 잘라
　　약 9cm 길이, 0.2cm 두께로 슬라이스한다.

4 — 넓은 트레이에 오이가 잠길 만큼의 물을 붓고
　　소금을 녹인 후 오이를 30분간 절인다.
　　* 오이를 소금물에 절이면
　　전체적으로 고르게 간이 밴다.

5 — 두 장의 식빵 안쪽 면에 ②의 스프레드를
　　넉넉히 바른다.

6 — ④의 오이의 물기를 제거하고 ⑤ 위에
　　올린 후 남은 빵을 덮고 반으로 자른다.

당근라페 샌드위치

1인분 │ 5분

- 식빵 2장
- 당근라페 70g * 만들기 26쪽
- 딜 크림치즈스프레드 약 2큰술(40g)
  * 만들기 88쪽

1 — 두 장의 식빵 안쪽 면에
    딜 크림치즈스프레드를 넉넉히 바른다.

2 — 당근라페를 빵 중앙에 소복하게 올린 후
    남은 빵을 덮고 반으로 자른다.

햄 치즈샌드위치

1인분 │ 5분

- 식빵 2장
- 머스터드버터 1/2~1큰술(10g) * 만들기 28쪽
- 잠봉 2장
- 고다치즈 슬라이스 1장

1 — 두 장의 식빵 안쪽 면에
    머스터드버터를 넉넉히 바른다.

2 — 고다치즈 슬라이스를 얹고,
    잠봉을 중앙에 도톰하게 올린 후
    남은 빵을 덮고 반으로 자른다.

잠봉뵈르
샌드위치

이제는 어디에서나 흔히 볼 수 있는
잠봉뵈르 샌드위치. 그렇지만 여기에 살구잼을
아주 얇게 바르면 산미와 약간의 당도가 더해져
맛의 밸런스가 더 좋아집니다.

1인분 | 10분

- 바게트 1/2개
- 잠봉 2장
- 머스터드버터 1큰술
  * 만들기 28쪽
- 살구잼 1작은술
- 차가운 버터 50g

1 — 바게트는 반으로 갈라 200℃로 예열한 오븐에서
2~3분간 굽는다.

2 — 머스터드버터를 바게트 안쪽 양면에 바른다.

3 — 다시 한쪽 면에만 살구잼을 얇게 바르고
잠봉을 모양 잡아 올린다.

4 — 차가운 버터를 얇게 썰어 올리고 샌드한다.

타마고산도

일본 교토에는 타마고산도 맛집이 참 많아요.
직접 이 가게들을 방문해 타마고산도를 먹어가며
정리한 레시피입니다. 부드럽고 고소한 달걀과
식빵의 단순한 조합이 만들어낸 풍부한 맛을
한번 느껴보세요.

2인분 | 20분

- 식빵 4장
- 달걀 3개
- 생크림 약 4큰술(40g)
- 소금 약 1/3~1/2작은술(1~2g)
- 백후춧가루 약간
- 식용유 1큰술
- 머스터드버터 1큰술
  * 만들기 28쪽

1 — 볼에 달걀, 생크림, 소금, 백후춧가루를 넣고
기포가 생기지 않게 잘 섞은 후 체에 한 번 내린다.
* 체에 내리면 알끈이 제거되어 훨씬 더 부드러운
달걀말이를 완성할 수 있다.

2 — 중간 불로 달군 달걀말이 팬에 식용유를 살짝 두르고
키친타월로 적당히 닦아낸 후, 약한 불로 줄여
달걀물을 조금씩 부어가며 말아 익힌다.

3 — 완성된 달걀말이를 반으로 자른다.

4 — 가장자리를 잘라낸 두 장의 식빵 안쪽 면에
머스터드버터를 바른다.

5 — 식빵 한쪽에 달걀말이를 얹은 후 남은 빵을 덮고
반으로 자른다.

그릴치즈 샌드위치

식빵과 치즈의 아주 단순하고 클래식한 조합으로
누구나 좋아할 만한 그릴치즈 샌드위치입니다.
두 가지 치즈를 넣어 고소한 풍미와 먹음직스러운
비주얼까지 모두 잡았어요. 치즈가 쭉 늘어나는
근사한 비주얼을 만드는 팁도 함께 알려드릴게요.

1인분 | 8분

- 식빵 2장
- 체다치즈 슬라이스 1장
- 모짜렐라치즈 슬라이스 1장
- 식용유 1/2큰술
- 마요네즈 2작은술

1 — 식빵 한쪽에 체다치즈, 모짜렐라치즈 슬라이스를 얹고
나머지 식빵을 덮는다.
* 단맛이 적은 식빵이 어울린다.

2 — ①에 랩을 씌우고 전자레인지에서 30초간
치즈를 녹인다.
* 이 과정을 거쳐야 타지도 않고, 치즈도 잘 녹는
그릴치즈 샌드위치를 만들 수 있다.

3 — 중간 불로 예열한 팬에 식용유를 두르고,
약한 불로 줄인 후 샌드위치 양쪽을 노릇노릇한 색이
나도록 굽는다.

4 — 샌드위치의 양쪽 겉면에 마요네즈를 펴 바르고,
먹음직스러운 갈색이 날 때까지 더 굽는다.

5 — 반으로 잘라 녹은 치즈가 흘러나오게 한다.

바질페스토와
구운 채소샌드위치

갖은 채소를 달큰하고 부드럽게 구워 만든
샌드위치입니다. 바질페스토, 발사믹글레이즈의
감칠맛이 더해져 남녀노소 누구나 좋아하지요.

2인분 | 15분

- 치아바타 2개
- 가지 1/2개
- 애호박 1/2개
- 양파 1/2개
- 파프리카 1개
- 올리브오일 1큰술
- 소금 약간
- 백후춧가루 약간
- 와일드루꼴라 1줌
- 프로볼로네치즈 2장
  (또는 고다치즈, 체다치즈 슬라이스)
- 바질페스토 2큰술 * 만들기 28쪽
- 발사믹글레이즈 약간

1 — 가지와 애호박은 0.5cm 두께로,
　　양파는 0.3cm 두께로 썬다.
　　파프리카는 씨를 제거해 6등분한다.

2 — 중간 불로 달군 팬에 올리브오일을 두르고
　　①에 소금, 백후춧가루를 뿌려 각각 굽는다.

3 — 치아바타는 반으로 갈라 뜨겁게 달군 팬에
　　안쪽 면을 굽는다.

4 — 치아바타 안쪽 면에 바질페스토를 바르고
　　한쪽에 반으로 자른 프로볼로네치즈,
　　②의 구운 채소를 차곡차곡 올린다.

5 — 와일드루꼴라를 얹고 발사믹글레이즈를 뿌린 후,
　　남은 한쪽 빵을 덮는다.

토마토처트니와
으깬 아보카도샌드위치

여러 가지 향신료로 이국적 풍미를 더한
토마토처트니가 모든 맛을 아우르는,
다채로운 맛을 가진 비건 샌드위치입니다.
비건이 아니라면 프로볼로네치즈를 더해도
조화로워요.

2인분 │ 25분(+ 토마토처트니 만들기 30분)

- 사워도우 빵 4장
- 가지 1/2개
- 양파 1/2개
- 아스파라거스 2대
- 아보카도 1/2개
- 토마토처트니 100g
- 소금 1/4작은술 + 약간
- 백후춧가루 약간 + 약간
- 올리브오일 1큰술 + 1큰술

▶ 토마토처트니(완성 : 300g 분량)

- 대추방울토마토 300g
- 설탕 35g
- 소금 1g
- 생강가루 1g(또는 다진 생강 20g)
- 정향 2개(생략 가능)
- 시나몬스틱 1개(또는 시나몬파우더 1g)
- 팔각 1개(생략 가능)
- 큐민파우더 1/4작은술
- 레몬즙 25g

토마토처트니 만들기

1 — 대추방울토마토는 열십자로 칼집을 내 끓는 물에
2분간 데치고, 얼음물에 식힌 후 껍질을 벗긴다.

2 — 팬에 레몬즙을 제외한 토마토처트니 재료를 모두 넣고
중간 불로 수분이 거의 졸아들 때까지 끓인다.

3 — 레몬즙을 넣고 섞은 후 불을 끄고 식힌다.
정향, 시나몬스틱, 팔각을 건져낸다.
* 토마토처트니는 1주일 냉장 보관 가능하며,
피클 대신 먹거나 육류에 곁들여도 좋다.

샌드위치 완성하기

4 — 가지와 양파는 0.8cm 두께로 썰고,
아스파라거스는 질긴 껍질을 벗기고
사워도우 빵 길이에 맞춰 자른다.

5 — 아보카도는 소금(1/4작은술), 백후춧가루(약간)를 넣고
포크로 으깬다.

6 — 중간 불로 달군 팬에 올리브오일(1큰술)을 두르고,
④에 소금(약간), 백후춧가루(약간)를 뿌려 각각 굽는다.

7 — 사워도우 빵 한쪽 면에 ⑤의 으깬 아보카도를 바르고
토마토처트니를 듬뿍 올린다.

8 — ⑥을 올리고 남은 한쪽 빵을 덮는다.

9 — 중간 불로 예열한 그릴팬에 올리브오일(1큰술)을 두른 후,
샌드위치 앞뒷면에 그릴 자국이 나도록 굽는다.

3

4

7

템페 비건 샌드위치

콩으로 만든 인도네시아식 발효식품인 템페는
고단백 비건 메뉴이지만 낯선 맛과 식감 때문에
처음부터 좋아하기는 쉽지 않지요.
템페를 간장에 달달 짭짤하게 조려 넣어
입문용으로 좋은 샌드위치 레시피를 소개합니다.

2인분 │ 30분

- 피타브레드 2개
- 템페 50g(해동한 것)
- 오이 1/2개
- 15분 숙성 피클 30g
- 매운 비건 마요네즈 2큰술
- 식용유 1큰술
- 맛간장 2큰술
- 이탈리안파슬리 잎 약간(또는 고수)

► **15분 숙성 피클**(완성 : 약 200g 분량)
- 무 100g
- 당근 100g
- 소금 2g
- 식초 40g
- 설탕 40g

► **매운 비건마요네즈**(완성 : 125g 분량)
- 비건마요네즈 100g
- 스리라차소스 20g
- 설탕 5g

피클과 매운 비건마요네즈 만들기

1 — 무와 당근은 곱게 채썰어 소금, 식초, 설탕을 섞어 15분간
절인 후 체에 밭쳐 물기를 살짝 제거해 피클을 만든다.
* 완성된 피클은 3일간 냉장 보관 가능하다.

2 — 볼에 비건마요네즈, 스리라차소스, 설탕을 넣고 섞어서
매운 비건마요네즈를 만든다.
* 완성된 매운 비건마요네즈는 1주일 냉장 보관 가능하다.

샌드위치 완성하기

3 — 오이는 0.2cm 두께로 썬다.

4 — 템페는 0.5cm 두께로 썬다.

5 — 중간 불로 달군 팬에 식용유를 두르고 템페를 넣어
앞뒤로 노릇하게 구운 후 약한 불로 줄이고 맛간장을
넣어 조린다.

6 — 피타브레드를 반으로 잘라 안쪽에 매운 비건마요네즈를
넉넉히 바른다.

7 — ⑥에 피클, 오이, 조린 템페를 넣어 채우고
이탈리안파슬리 잎을 올린다.

Tip

달걀 대신 레몬주스와 양파분말로
감칠맛을 낸 시판 비건마요네즈를
사용한다. 일반 마요네즈보다 맛이 깔끔해
부담 없이 사용할 수 있다.

4

5

7

Chapter 4

Soup

& Gratin

"따뜻하고 친근한 맛, 이국적이고 새로운 맛의
수프와 그라탱을 모았습니다"

누군가의 소울푸드로 손색없는, 따뜻하고 친근한 맛의
수프와 그라탱을 소개합니다. 빵 한 조각과 함께, 입맛을 돋우는 전채요리로,
또는 넉넉히 담아 한 끼 식사로도 좋으니, 필요할 때 알맞는 무드로 즐길 수 있도록
세계 각국의 맛을 골고루 모아봤어요. 재료의 맛을 그대로 살려,
넘치지도 모자라지도 않는 이 레시피를 그대로 따라해 만들어보세요.

단호박수프
_레시피 106쪽

감자수프
_레시피 106쪽

세 가지 채소수프

단호박수프, 감자수프, 옥수수수프

기름에 달달 볶아 깊은 맛을 살린 채소를
퓌레로 만들어 보관해 두면 언제든지 아주 맛있는
수프를 만들 수 있습니다. 여기에 딱 두 가지
재료만 양념처럼 더해주면 완성이지요.
채소수프를 만드는 가장 쉬운 레시피를 소개하니,
다양한 채소로 응용해 보세요.

단호박수프

4인분 | 20분

- 단호박 중간 크기 1개
  (600g, 또는 미니밤호박이나 땅콩호박)
- 버터 2큰술
- 양파잼 약 1큰술(15g) ＊ 만들기 28쪽
- 닭육수 2와 1/2컵(500㎖) ＊ 만들기 23쪽
- 우유 1컵(200㎖)
- 생크림 1/2컵(100㎖)
- 소금 1작은술

1 ― 단호박은 껍질을 벗겨 0.3cm 두께로 썬다.

2 ― 중간 불로 달군 냄비에 버터, 단호박을 넣고
      3분간 볶는다.

3 ― 양파잼을 넣고 전체적으로 어우러지도록
      볶다가 뜨거운 닭육수를 부어
      단호박이 부드럽게 익을 때까지 끓인다.
      ＊ 뜨거운 육수를 부으면 볶던 재료의
      온도가 유지되어 수프가 빠르게 완성된다.

4 ― 바믹서로 곱게 갈아 체에 거른다.

5 ― 냄비에 ④, 우유, 생크림을 함께 넣어
      약한 불에서 잘 저어가며 끓어오르면
      불에서 내려 소금으로 간을 한다.
      ＊ 기호에 맞게 꿀이나 설탕을 더한다.

감자수프

4인분 | 20분

- 감자 중간 크기 약 2개(350g)
- 버터 1큰술
- 양파잼 약 2와 1/2큰술(50g) ＊ 만들기 28쪽
- 닭육수 2와 1/2컵(500㎖) ＊ 만들기 23쪽
- 우유 1컵(200㎖)
- 생크림 1/2컵(100㎖)
- 소금 1작은술
- 통후추 간 것 약간

1 ― 감자는 껍질을 벗겨 한입 크기로 썬다.

2 ― 중간 불로 달군 냄비에 버터, 감자를 넣고
      3분간 볶는다.

3 ― 양파잼을 넣고 전체적으로 어우러지도록
      볶다가 뜨거운 닭육수를 부어
      감자가 부드럽게 익을 때까지 끓인다.

4 ― 바믹서로 곱게 갈아 체에 거른다.

5 ― 냄비에 ④, 우유, 생크림을 함께 넣어
      약한 불에서 잘 저어가며 가열하고,
      끓어오르면 불에서 내려
      소금, 통후추 간 것으로 간을 한다.

옥수수수프

4인분 | 20분

- 냉동스위트콘 500g(또는 옥수수 통조림)
- 버터 1큰술
- 양파잼 약 1큰술(20g) * 만들기 28쪽
- 닭육수 2와 1/2컵(500㎖) * 만들기 23쪽
- 우유 1컵(200㎖)
- 생크림 1/2컵(100㎖)
- 소금 1작은술

1 — 냉동스위트콘은 실온에서 해동한다.
　*일정한 맛을 내기 위해
　냉동 제품을 사용하지만 철이 맞으면
　초당옥수수를 사용해도 좋다.
　*통조림을 사용하면 수프의 색이
　조금 옅게 완성될 수도 있다.

2 — 중간 불로 달군 냄비에 버터, 스위트콘을
　넣고 노릇하게 볶는다.

3 — 양파잼을 넣고 전체적으로 어우러지도록
　볶다가 뜨거운 닭육수를 붓고 끓인다.

4 — 바믹서로 곱게 갈아 체에 거른다.

5 — 냄비에 ④, 우유, 생크림을 함께 넣어
　약한 불에서 잘 저어가며 가열하고,
　끓어오르면 불에서 내려 소금으로
　간을 한다.

Tip

과정 ④의 퓌레는 한 번 끓일 양만큼
소분해 지퍼백 등에 넣어 빨리 해동할 수 있도록
넓게 펼친 후 밀봉해 냉동한다. 1달간 냉동 보관
가능하며 사용 전 냉장에서 해동한다.

2

4-1

4-2

밤 크림수프

달고 영양가 있는 국산 밤으로 진하게 끓이는
밤수프입니다. 닭육수 외에는 특별히 감칠맛 내는
재료를 넣지 않아서 부드러운 단맛과 밤 본연의
향을 즐기기 좋은 레시피예요. 햇밤이 나오기
시작하는 선선한 계절에 끓여보세요.

4인분 | 25분

- 껍질 벗긴 밤 약 50개(500g)
- 버터 2큰술
- 닭육수 2와 1/2컵(500㎖)
  * 만들기 23쪽
- 우유 1컵(200㎖)
- 생크림 1/2컵(100㎖)
- 소금 1작은술

1 — 밤은 4등분한다.
　　* 옥광밤을 사용하면 풍미가 깊고 단맛이 난다.

2 — 중약 불로 달군 냄비에 버터, 밤을 넣고 볶다가
　　뜨거운 닭육수를 부어 15분간 끓인다.
　　* 뜨거운 육수를 부으면 볶던 재료의 온도가
　　유지되어 수프가 빠르게 완성된다.

3 — 밤이 부드럽게 익으면 바믹서로 곱게 갈아
　　체에 거른다.

4 — 냄비에 ③, 우유, 생크림을 함께 넣어
　　약한 불에서 잘 저어가며 가열하고,
　　끓어오르면 불에서 내려 소금으로 간을 한다.
　　* 기호에 맞게 꿀이나 설탕을 더한다.

버섯수프

왠지 지치는 날 생각나는, 보양식처럼
깊은 맛의 버섯수프 레시피입니다.
여러 가지 버섯을 색이 나도록 잘 볶고,
포르치니버섯을 살짝 더해주는 게
이 수프의 포인트예요.

4인분 | 25분

- 버섯 500g
- 말린 포르치니버섯 5g
- 마늘 3쪽
- 타임 약간
- 로즈메리 약간
- 올리브오일 2큰술 + 약간
- 양파잼 약 2와 1/2큰술(50g)
  * 만들기 28쪽
- 닭육수 3컵(600㎖)
  * 만들기 23쪽
- 우유 1컵(200㎖)
- 생크림 1/2컵(100㎖)
- 소금 1작은술
- 통후추 간 것 1/2작은술

1 — 버섯은 적당한 크기로 썰고, 마늘은 편 썬다.
　　 * 양송이, 새송이, 느타리, 만가닥, 머쉬마루 등
　　 여러 가지 버섯을 섞으면 맛이 풍부해진다.

2 — 말린 포르치니버섯은 미지근한 물에 10분간 불려
　　 가늘게 찢는다.
　　 * 수프의 맛을 내는데 중요한 역할을 하지만
　　 구하기 어렵다면 생략할 수 있다.

3 — 중간 불로 달군 냄비에 올리브오일(2큰술)을 두르고,
　　 ①, ②의 버섯, 마늘, 타임, 로즈메리를 넣고 볶는다.

4 — 양파잼을 넣고 전체적으로 어우러지도록 볶다가
　　 뜨거운 닭육수를 붓고 10분 이상 끓인다.
　　 * 뜨거운 육수를 부으면 볶던 재료의 온도가 유지되어
　　 수프가 빠르게 완성된다.

5 — 바믹서로 곱게 갈아 체에 거른다.

6 — 냄비에 ⑤, 우유, 생크림을 함께 넣어 약한 불에서
　　 잘 저어가며 가열하고, 끓어오르면 불에서 내려
　　 소금으로 간을 한다.

7 — 그릇에 담고 올리브오일(약간), 통후추 간 것을 뿌린다.
　　 * 얇게 썬 버섯을 구워 장식으로 올려도 좋다.

모로칸수프

맛과 영양이 가득하고,
이국적인 향이 아주
매혹적인 비건 수프예요.
매장에서 판매할 때는
다진 이탈리안파슬리와
레드페퍼, 올리브오일만 살짝
올리지만, 거부감이 없다면
고수 잎을 듬뿍 곁들이는 걸
추천해요.

4인분 │ 1시간

- 토마토홀 통조림 300g
- 양파 1/2개
- 파프리카 1/2개
- 셀러리 1줄기
- 다진 마늘 1큰술
- 소금 약간
- 식용유 3큰술
- 뜨거운 물 2와 1/2컵(500㎖)
- 삶은 콩 3컵 * 만들기 16쪽
- 건크랜베리 약 1/2컵
  (40g, 또는 건포도)

향신료
- 펜넬시드 1작은술
- 큐민시드 1/2작은술
- 큐민파우더 약간
- 가람마살라 약간(생략 가능)
- 코리앤더파우더 약간

피니싱 재료
- 다진 이탈리안파슬리 약간(또는 고수)
- 크러시드 레드페퍼 약간(생략 가능)
- 올리브오일 약간
- 통후추 간 것 약간

1 — 양파, 파프리카, 셀러리, 토마토홀 통조림은
사방 0.5cm 크기로 썬다.

2 — 중간 불로 달군 깊은 냄비에 식용유, 펜넬시드,
큐민시드를 넣고 갈색이 나면서 향이 배어날 때까지
템퍼링한다.
* 기름에 향을 우려내고 떫은맛을 없애는 과정이니
생략하지 않는 것이 좋다(21쪽 참조).

3 — 양파, 다진 마늘, 소금을 넣고 양파가 투명해질 때까지
볶다가 셀러리, 파프리카를 넣고 채소가 숨이
죽을 때까지 볶는다.

4 — 남은 향신료(큐민파우더, 가람마살라,
코리앤더파우더)를 넣고 2~3분간 더 볶다가
토마토홀 통조림을 넣고 10분간 끓인다.
* 향신료를 사용하면 보다 풍부한 맛과 향을
낼 수 있지만, 혹 구하기 어렵다면
시판 카레가루 1~2작은술로 대체할 수 있다.

5 — 뜨거운 물을 붓고 약한 불로 줄여 15분 이상
충분히 끓인 후 삶은 콩을 넣는다.
끓어오르면 건크랜베리를 넣고 불에서 내린다.
* 콩은 병아리콩, 강낭콩, 렌틸콩 등을
다양하게 사용한다.

6 — 그릇에 담고 다진 이탈리안파슬리, 크러시드 레드페퍼,
올리브오일, 통후추 간 것을 뿌린다.
* 수프를 하룻밤 뒀다 데워 먹으면 향신료의 맛과 향이
어우러져 더 깊은 맛을 느낄 수 있다.

1

2

5

치킨차우더

기운이 없거나 아플 때 생각나곤 하는 치킨차우더.
차우더Chowder란 육류나 생선, 조개류와 채소를 넣고
으깨질 정도로 푹 끓여 걸쭉하게 만드는 수프예요.
부드러운 맛으로 마음을 편하게 해주는 이 수프는
누구나 좋아할 수밖에 없을 거예요.

4인분 │ 25분

- 닭가슴살 1쪽
- 양파 1개
- 셀러리 1/2줄기
- 감자 1개
- 베이컨 2줄
- 옥수수 통조림 1컵
- 버터 1큰술
- 타임 약간
- 다진 마늘 2작은술
- 박력분 2큰술
- 닭육수 2컵(400㎖) * 만들기 23쪽
- 우유 1/2컵(100㎖)
- 생크림 1/2컵(100㎖)
- 소금 약간
- 백후춧가루 약간
- 다진 이탈리안파슬리 약간
- 통후추 간 것 약간

1 — 양파, 셀러리, 감자, 닭가슴살은
사방 0.5cm 크기로 썬다.

2 — 베이컨은 바짝 구워서 기름을 빼고 잘게 자른다.

3 — 중약 불로 달군 냄비에 버터, 타임을 넣어
향을 입힌 후 양파, 셀러리, 다진 마늘을 넣고 볶는다.

4 — 양파가 투명해지면 닭가슴살, 감자, 옥수수 통조림을 넣고
볶다가 닭가슴살이 다 익으면 박력분을 넣고
1~2분간 볶는다.

5 — 뜨거운 닭육수를 넣고 모든 채소가 부드럽게
익을 때까지 끓인다.
* 뜨거운 육수를 부으면 볶던 재료의 온도가 유지되어
수프가 빠르게 완성된다.

6 — 우유, 생크림을 넣고 약한 불로 줄인 후 잘 저으면서
끓어오르면 불에서 내려 소금, 백후춧가루로 간을 한다.

7 — 그릇에 담아 베이컨을 올리고 다진 이탈리안파슬리,
통후추 간 것을 뿌린다.

1

2

4

포토푀

냄비째로 식탁에 올려 조금씩 나눠 먹는
프랑스 전통 가정요리입니다. 이 방식을 재현해
담백한 맛과 포근한 정서가 고스란히 느껴져요.
뒤적이며 섞지 않고 그대로 끓이니, 처음 냄비에
재료를 담을 때 모양을 조금 신경 써주세요.

4인분 | 40분

- 무 150g
- 당근 작은 것 1개(150g)
- 감자 중간 크기 1개(200g)
- 양배추 1/5개
- 토마토 1개
- 소시지 1개
- 닭육수 4컵(800㎖) * 만들기 23쪽
- 화이트와인 2큰술
- 월계수 잎 2장(또는 타임)
- 소금 1~2작은술
- 통후추 간 것 약간

1 — 무, 당근, 감자는 껍질을 벗긴다.
　　 무와 당근은 둥근 모양을 살려 2cm 두께로,
　　 감자는 반으로 썬다.

2 — 양배추는 큼지막하게 한 덩어리로 준비한다.

3 — 토마토는 윗면에 열십자로 칼집을 내고 끓는 물에
　　 15초 동안 데친 후 얼음물에 담가 껍질을 벗긴다.

4 — 바닥이 두꺼운 냄비에 손질한 채소를 빼곡히 채운다.

5 — 닭육수, 화이트와인, 월계수 잎, 소금을 넣고
　　 뚜껑을 덮은 후 약한 불로 20분간 뭉근하게 끓인다.

6 — 채소가 거의 다 익으면 소시지를 넣고 5분간 더 끓인 후
　　 통후추 간 것을 뿌린다.

Tip

포토푀에 들어가는 뿌리채소는 가장자리를
둥글게 돌려 깎는다. 이렇게 하면 채소가
다 익었을 때 날카로운 모서리에 서로 부딪혀 으깨지면서
국물이 탁해지는 것을 막을 수 있다.

1

3

4

라따뚜이

토마토 파프리카소스와 몇 가지 채소만으로 만들어
소박한 아름다움이 있는 프랑스의 국민 음식입니다.
플레이팅이 조금 서툴러도 3가지 채소의 색감을
교차해 담아내면 제법 멋스러워요.

2인분 | 55분

- 주키니 1개(또는 애호박)
- 가지 2개
- 토마토 2개
- 소금 약간
- 백후춧가루 약간
- 올리브오일 약간
- 토마토 파프리카소스 약 1컵(200g)
- 그라나파다노치즈 간 것 약간
- 통후추 간 것 약간
- 바질 잎 약간

▶ 토마토 파프리카소스
(완성 : 약 500g 분량)
- 토마토홀 통조림 400g
- 양파 1/4개(50g)
- 파프리카 1/4개(50g)
- 마늘 2쪽
- 올리브오일 2큰술
- 소금 1/2작은술
- 설탕 2작은술

토마토 파프리카소스 만들기

1 — 양파는 0.3cm 두께로, 파프리카는 한입 크기로 썬다.
마늘은 2~3등분한다.

2 — 중약 불로 예열한 팬에 올리브오일을 두르고
①을 넣어 부드러워질 때까지 약 3분간 볶는다.

3 — 토마토홀 통조림을 넣어 으깬 후 끓어오르면
약한 불로 줄여 5분간 더 끓이고 소금, 설탕으로
간을 한다.

4 — 바믹서로 곱게 간다.
* 남는 토마토 파프리카소스는 냉장에서 3일 동안
보관할 수 있으며, 파스타 소스로 활용해도 좋다.

라따뚜이 완성하기

5 — 주키니, 가지, 토마토는 0.3cm 두께로 썰고
소금, 백후춧가루를 뿌려 5분간 절인다.
* 색감을 위해 노란 주키니를 사용했으나,
초록색을 사용해도 좋다.

6 — 내열그릇에 토마토 파프리카소스를 넉넉히 깔고
⑤를 둘러가며 얹는다.

7 — 올리브오일, 그라나파다노치즈 간 것을 뿌리고
180℃로 예열한 오븐에서 30분간 굽는다.

8 — 통후추 간 것을 뿌리고 바질 잎을 올린다.

1

5

6

샥슈카

에그인헬^{Egg in hell}이라는 이름으로 더 잘 알려져
있는 샥슈카는 가장 인기 있는 브런치 메뉴
중 하나예요. 깊고 풍부한 토마토 소스의 맛과
부드러운 달걀이 어우러져 활기찬 에너지를
주는데, 만들기도 참 쉬워요.

2인분 │ 30분

- 토마토홀 통조림 400g
- 달걀 2개
- 양파 약 1/2개(100g)
- 파프리카 약 1/2개(100g)
- 셀러리 1줄기
- 다진 마늘 2작은술
- 식용유 1큰술
- 큐민시드 1/2작은술
- 큐민파우더 1/2작은술
- 고춧가루 1/2작은술(생략 가능)
- 소금 1/2작은술
- 통후추 간 것 약간
- 이탈리안파슬리 잎 약간
- 크러시드 레드페퍼 약간(생략 가능)

1 — 양파는 얇게 슬라이스하고,
   파프리카, 셀러리는 사방 1cm 크기로 썬다.

2 — 중약 불로 달군 팬에 식용유를 두르고 큐민시드를
   넣은 후 갈색이 나면서 향이 배어날 때까지 템퍼링한다.
   * 기름에 향을 우려내고 떫은맛을 없애는 과정이니
   생략하지 않는 것이 좋다(21쪽 참조).

3 — 양파를 넣고 연갈색이 될 때까지 볶은 후, 파프리카,
   셀러리, 다진 마늘을 넣고 숨이 죽을 때까지 볶는다.

4 — 약한 불로 줄이고 큐민파우더, 고춧가루를 넣고
   타지 않도록 저으면서 3분간 더 볶는다.

5 — 토마토홀 통조림, 소금, 통후추 간 것을 넣어 으깨면서
   섞고 끓어오르면 불에서 내려 무쇠팬으로 옮긴다.

6 — 숟가락을 이용해 소스에 공간을 만들어 달걀을 얹고,
   포일을 덮은 후 180℃로 예열한 오븐에 넣고 7~8분간
   익힌다.
   * 오븐에 넣지 않고 뚜껑을 덮어 약한 불에서
   10분간 익히는 방법도 있다.

7 — 이탈리안파슬리 잎, 크러시드 레드페퍼를 뿌린다.
   * 빵을 함께 곁들여도 좋다.

돼지고기 생강수프

+ 누들

뜨거운 국물이 생각날 때 간단히 끓이기 좋은
수프. 살짝 더한 생강 향이 잡내를 잡고
따뜻함을 더합니다. 밥과 함께 먹어도 어울려요.

4인분 │ 20분

- 대패삼겹살 200g
- 배추 200g(또는 청경채, 봄동, 양배추)
- 녹두당면 70g(생략 가능)
- 닭육수 3컵(600㎖) * 만들기 23쪽
- 간장 2작은술
- 굴소스 1작은술
- 다진 생강 1작은술
- 이탈리안파슬리 잎 약간
- 통후추 간 것 약간
- 참기름 약간

1 — 녹두당면은 찬물에 10분 이상 불린다.

2 — 배추, 대패삼겹살은 한입 크기로 썬다.

3 — 냄비에 녹두당면, 배추, 대패삼겹살을 차례로 올리고
닭육수를 붓는다.

4 — 간장, 굴소스, 다진 생강을 넣고 뚜껑을 덮은 후
중간 불에서 7분간 끓인다.

5 — 그릇에 담고 이탈리안파슬리 잎, 통후추 간 것,
참기름을 뿌린다.

에그커리

+ 라이스

부드러운 토마토커리에 황금빛 달걀까지 곁들여
이국적이고 고급스러운 메뉴입니다.
재료가 풍부하고 공이 많이 들어가는 만큼,
인스턴트 카레와는 또 다른 맛을 느낄 수 있어요.

2인분 | 1시간

- 달걀 6개
- 토마토홀 통조림 350g
- 밥 약 1공기(200g)
- 우유 1/2컵(100㎖)
- 생크림 1/2컵(100㎖)
- 캐슈넛 약 2큰술(15g)
- 물 1/2컵(100㎖)
- 식용유 1큰술 + 2큰술
- 양파 약 1과 1/2개(300g)
- 다진 마늘 1큰술
- 다진 생강 1큰술
- 고춧가루 1작은술
- 소금 약간
- 백후춧가루 약간

향신료
- 강황파우더 1/2작은술 + 1/2작은술
- 월계수 잎 2장
- 클로브 5개
- 큐민시드 1작은술
- 코리앤더파우더 1작은술
- 가람마살라 1/2작은술
- 큐민파우더 1/2작은술

1 — 캐슈넛은 물(1/2컵)을 넣고 30분 이상 두었다가 푸드프로세서로 곱게 간다.

2 — 달걀은 끓는 물에 넣어 7분간 반숙으로 삶은 후, 껍데기를 벗기고 앞뒤로 격자 모양 칼집을 낸다. 양파는 0.2cm 두께로 슬라이스한다.

3 — 중약 불로 달군 팬에 식용유(1큰술)와 강황파우더 (1/2작은술), ②의 삶은 달걀을 넣고 달걀 겉면을 골고루 굽는다.

4 — 중간 불로 달군 넓은 팬에 식용유(2큰술)를 두르고 월계수 잎, 클로브, 큐민시드를 넣고 갈색이 나면서 향이 배어날 때까지 템퍼링한다.
* 템퍼링 후 월계수 잎, 클로브는 건져낸다.

5 — 양파를 넣고 갈색이 될 때까지 10분 이상 볶은 후 다진 마늘, 다진 생강을 넣고 3분간 볶는다.

6 — 고춧가루, 강황파우더(1/2작은술), 코리앤더파우더, 가람마살라, 큐민파우더를 넣고 2분간 볶은 후 토마토홀 통조림을 넣고 10분간 끓인다.
* 향신료를 사용하면 보다 풍부한 맛과 향을 낼 수 있지만, 구하기 어렵다면 시판 카레가루 1~2작은술로 대체할 수 있다.

7 — 우유, 생크림, ①을 넣고 바믹서로 곱게 간 후 3분간 더 끓인다.

8 — 소금, 백후춧가루로 간을 하고 밥에 곁들인 후 ③의 달걀을 올린다.
* 크러시드 레드페퍼, 다진 고수 잎 등을 뿌려도 좋다.

3

6

7

프렌치 감자 치즈그라탱

얇게 썬 감자를 크림과 버터, 그리고 치즈와 함께 오븐에 구운 프랑스의 전통 요리로, 본토에서는 그라탱 도피누아^{Gratin Dauphinois}라 부릅니다. 부드럽고 고소한 풍미로 어떤 음식과 함께해도 잘 어울려요.

4인분 | 1시간 30분

- 감자 중간 크기 약 3개(600g)
- 생크림 1과 1/2컵(300㎖)
- 우유 1과 1/2컵(300㎖)
- 넛맥 간 것 1/2작은술
- 타임 적당량
- 소금 1과 1/2작은술
- 버터 약 1과 1/3큰술(20g)
- 그뤼에르치즈 30g + 20g

1 — 감자는 껍질을 벗기고, 0.2cm 두께로 슬라이스한다.

2 — 냄비에 생크림, 우유, 넛맥 간 것, 타임, 소금을 넣고 중약 불에서 가장자리가 바글바글 끓을 때까지 가열한다.

3 — 그라탕 용기 안쪽에 버터를 골고루 바른 후 감자와 그레이터에 간 그뤼에르치즈(30g)를 켜켜이 올린다.

4 — ②를 감자가 거의 잠길 만큼 붓고, 포일로 윗면을 덮어 150℃로 예열한 오븐에서 1시간 동안 굽는다.

5 — 포일을 벗겨내고 윗면에 그레이터에 간 그뤼에르치즈(20g)를 올린 후 180℃로 예열한 오븐에서 10분간 더 굽는다.

라구와 모네이소스 가지그라탱

토마토와 고기로 감칠맛을 낸
라구소스와 베샤멜소스에
그뤼에르치즈를 더한
모네이소스^{Mornay sauce},
구운 가지의 맛이 어우러져
풍부한 맛을 내는 요리.
굽기 전 과정까지 미리 만들어
두었다가 먹기 전에
구우면 되니 모임 요리로
내놓기 좋아요.

레시피 130쪽

레시피 132쪽

시금치 리코타로
속을 채운
카넬로니그라탱

한입 베어 물면 입 안 가득 이탈리아의 맛을
느낄 수 있는 파스타그라탱을 소개합니다.
파스타를 삶을 필요가 없어 간단하고, 고소한
리코타치즈와 시금치로 속을 채워 가볍게 하나씩
집어 먹는 재미가 있어요.

라구와 모네이소스 가지그라탱

4인분 | 1시간 45분

- 가지 3개
- 토마토 3개
- 소금 약간
- 백후춧가루 약간
- 올리브오일 1큰술
- 버터 1큰술
- 그라나파다노치즈 간 것 약간

라구소스

- 다진 쇠고기 300g
- 다진 양파 약 3/4컵(100g)
- 다진 마늘 3작은술
- 올리브오일 1큰술
- 레드와인 1/2컵(100㎖)
- 비프브로스 1컵(200㎖, 또는 비프스톡, 닭육수)
- 토마토퓌레 약 3/4컵
  (150g, 또는 토마토홀 통조림 간 것)
- 토마토페이스트 4큰술
- 설탕 1큰술
- 소금 약간

모네이소스

- 버터 30g
- 밀가루 10g
- 우유 1과 1/2컵(300㎖)
- 그뤼에르치즈 70g
  (또는 슈레드 모짜렐라치즈)
- 소금 약간
- 백후춧가루 약간
- 넛맥 간 것 약간(생략 가능)

3

6

7

라구소스와 모네이소스 만들기

1 — 중간 불로 달군 큼직한 팬에 라구소스 재료의 올리브오일을 두르고
　　다진 양파를 볶다가 옅은 갈색이 되면 다진 마늘을 넣고 조금 더 볶는다.

2 — 다진 쇠고기를 넣어 익을 때까지 볶은 후 레드와인, 비프브로스, 토마토퓌레,
　　토마토페이스트, 설탕을 넣고 끓어오르면 15분간 끓인다.

3 — 소금으로 간을 해 라구소스를 완성한다.

4 — 가장 약한 불로 달군 팬에 모네이소스 재료의 버터, 밀가루를 넣고
　　끈기가 없어질 때까지 볶는다.
　　* 색이 나지 않도록 주의한다.

5 — 따뜻하게 데운 우유를 넣고 중약 불로 올린 후 농도가 생길 때까지
　　고무주걱으로 저어가며 가열한다.

6 — 살짝 끓기 시작하면 불에서 내려 소금, 백후춧가루, 넛맥 간 것으로 간을 하고
　　그뤼에르치즈를 넣고 섞어 모네이소스를 완성한다.

그라탱 완성하기

7 — 가지, 토마토는 0.8cm 두께로 썬 후 소금, 백후춧가루를 뿌린다.

8 — 중간 불로 달군 팬에 올리브오일을 두르고 굽는다.

9 — 오븐용기 안쪽에 버터를 바르고 가지 → 토마토 → 라구소스 순으로 쌓는다.

10 — 모네이소스를 듬뿍 올리고 180℃로 예열한 오븐에 넣어 20분간 굽는다.

11 — 윗면에 먹음직스러운 갈색이 돌면 오븐에서 꺼내 그라나파다노치즈 간 것을
　　올린다.

8

9

10

시금치 리코타로 속을 채운 카넬로니그라탱

2인분 | 1시간 30분

- 카넬로니 12개
- 슈레드 모짜렐라치즈 2컵
- 그라나파다노치즈 간 것 1/2컵
- 올리브오일 약간
- 물 1/2컵
- 다진 이탈리안파슬리 약간
- 통후추 간 것 약간

토마토소스

- 토마토홀 통조림 400g
- 양파 1/4개
- 다진 마늘 2작은술
- 올리브오일 2큰술
- 소금 1/2작은술
- 백후춧가루 약간

시금치 리코타필링

- 시금치 200g
- 리코타치즈 350g
- 달걀 2개
- 그라나파다노치즈 간 것 40g
- 소금 1/2작은술
- 백후춧가루 1/4작은술
- 넛맥 간 것 약간
- 레몬제스트 1개 분량

토마토소스와 시금치 리코타필링 만들기

1 — 양파는 0.2cm 두께로 슬라이스하고, 토마토홀 통조림은 굵게 다진다.

2 — 중약 불로 달군 팬에 토마토소스 재료의 올리브오일을 두르고
　　양파, 다진 마늘을 넣어 옅은 갈색이 날 때까지 5분 정도 볶은 후,
　　토마토홀 통조림을 넣고 끓기 시작하면 약한 불로 줄이고 5분간 더 끓인다

3 — 소금, 백후춧가루로 간을 하고 바믹서로 곱게 갈아 토마토소스를 완성한다.
　　* 완성된 토마토소스는 3일 동안 냉장 보관 가능하다.

4 — 시금치는 끓는 물에 2분간 데쳐 얼음물에 잠시 담갔다가 물기를 꼭 짜고
　　잘게 다진다.

5 — 볼에 시금치 리코타필링 재료를 모두 넣고 주걱으로 잘 섞은 후,
　　짤주머니에 담는다.

그라탱 완성하기

6 — 카넬로니를 평평하고 벽이 높은 용기에 세우고 ⑤의 필링을 끝까지 채운다.

7 — 오븐용기에 ③의 토마토소스 1/2 분량을 깔고 속을 채운 카넬로니를 올린다.

8 — 나머지 토마토소스를 올리고 슈레드 모짜렐라치즈, 그라나파다노치즈 간 것,
　　올리브오일을 뿌린다.

9 — 물(1/2컵)을 용기 가장자리에 둘러가며 조심스럽게 붓는다.

10 — 포일로 윗면을 덮고 180℃로 예열한 오븐에서 40분간 구운 후
　　포일을 벗기고 윗면의 치즈가 노릇해지도록 10분간 더 굽는다.

11 — 오븐에서 꺼내 다진 이탈리안파슬리, 통후추 간 것을 뿌린다.

6

7

9

Chapter 5

Bread

& Dessert

“직접 만든 빵과 디저트로
브런치 테이블에 달콤함을 더해보세요”

즐거운 식사에서 빼놓을 수 없는 게 바로 디저트죠.
식사의 마지막 순서에 디저트가 준비되어 있다는 사실만으로도
기분이 좋아집니다. 누구에게나 그런 설렘을 줄 수 있도록,
차나 커피와 잘 어울리면서도 선호도가 높은 메뉴로 골라보았어요.
어렵지 않게 만들 수 있는 레시피를 소개했으니,
한 가지씩 만들어 즐거운 브런치 속 달콤한 시간을 즐겨보세요.

무반죽 올리브 통밀빵

반죽기를 사용하지 않아도, 힘들게 손반죽하지 않아도 슬슬 저어 발효만 시키면 쉽게 만들 수 있는 빵이에요. 올리브 외에도 토마토, 치즈, 허브 등 다양한 토핑을 얹어 활용할 수 있어요.

20×20×4.5cm 정사각팬 1개 분량 │ 30분(+ 발효 9시간)

- 강력분 200g
- 통밀가루 50g
- 소금 4g
- 물 180g
- 드라이이스트 4g
- 올리브오일 25g + 약간
- 블랙올리브 적당량

1 — 넉넉한 크기의 볼에 28~30℃의 미지근한 물을 넣고 드라이이스트를 잘 녹인 후 강력분, 통밀가루, 소금을 넣고 고무주걱으로 2분간 섞는다.

2 — 올리브오일(25g)을 넣고 잘 섞은 후 랩을 씌우고 실온에서 1시간 동안 1차 발효시킨다.

3 — 팬에 올리브오일(약간)을 바르고 반죽을 옮겨 담는다.

4 — 윗면을 랩으로 씌우고 냉장고에서 8시간 동안 2차 발효시킨다.
   * 반죽이 부풀어 랩에 닿지 않도록 주의한다.

5 — 냉장고에서 반죽을 꺼내 위에 블랙올리브를 얹고 살짝 눌러준다.

6 — 220℃로 예열한 오븐에서 15분 정도 굽는다.

두 가지 빵을 활용한 브런치

브레드푸딩
_레시피 140쪽

토스트나 샌드위치를 만들고 남은 빵을 어떻게 처리할지 고민이라면
아주 간단한 방법으로 더 맛있게 활용할 수 있는 방법을 소개합니다.
브리오슈와 식빵은 달달한 디저트가, 사워도우 빵이나 바게트는 샐러드나 수프에
포만감을 더하는 요소가 될 수 있어요.

허니러스크
_레시피 141쪽
크루통
_레시피 141쪽

브레드푸딩

2인분 | 1시간 25분

- 브리오슈 식빵(또는 식빵) 200g
- 냉동 믹스베리 1컵
- 버터 1큰술
- 슈거파우더 약간

달걀물
- 달걀 2개
- 우유 80g
- 생크림 80g
- 설탕 10g
- 연유 10g
- 소금 약간
- 바닐라페이스트 1/5작은술
  (또는 바닐라익스트랙트 1/5작은술,
  바닐라빈 1/5개)

1 — 볼에 달걀물 재료를 모두 넣고
거품이 나지 않게 섞은 후 체에 거른다.
*남은 달걀물은 3일간 냉장 보관할 수 있다.
프렌치토스트의 달걀물(50쪽)과 비율이
같으므로 남은 달걀물을 활용해도 좋다.

2 — 브리오슈 식빵을 2cm 두께로 썰어
오븐용기에 차곡차곡 담는다.

3 — 달걀물을 전부 붓고 랩을 씌운 후
냉장고에 1시간 이상 둔다.
*달걀물을 부은 후 밀봉해 냉장고에 넣고
하룻밤 뒤도 좋다.

4 — 믹스베리를 골고루 올린다.

5 — 170℃로 예열한 오븐에 넣고 윗면이
노릇노릇한 갈색이 될 때까지 15분간 굽는다.

6 — 슈거파우더를 뿌린다.

허니러스크

450g 식빵 1개 분량 | 25분

- 식빵 450g

허니소스
- 생크림 100g
- 버터 50g
- 설탕 40g
- 꿀 30g
- 소금 1g

1 — 식빵은 2cm 두께로 자른다.

2 — 볼에 생크림, 버터를 넣고 전자레인지에서
    10초씩 끊어가며 버터를 완전히 녹인다.

3 — 설탕, 꿀, 소금을 넣고 잘 섞어 허니소스를 완성한다.

4 — 오븐팬 위에 식빵을 올리고 앞뒤로 뒤집어 가며
    허니소스를 듬뿍 바른다.

5 — 150℃로 예열한 오븐에서 먹음직스러운 갈색이
    날 때까지 약 20분간 굽는다.

Tip 크루통 만들기

160g 분량 | 15분
사워도우 빵(또는 바게트) 200g,
올리브오일 2큰술

1 — 남은 사워도우 빵을 적당한 크기로 찢어
    오븐팬에 올린다.

2 — 올리브오일을 골고루 뿌리고 200℃로 예열한
    오븐에서 먹음직스러운 갈색이 될 때까지 굽는다.
    * 빵의 양에 따라 굽는 시간이 달라지지만
    보통 10분 이상은 구워야 한다.

바나나 통밀브레드

푹 익은 바나나가 남을 때면 꼭 만들게 되는,
이름과는 달리 빵보다는 케이크에 가까운
디저트입니다. 머스코바도와 통밀가루로
짙은 풍미를 더했어요. 구운 후 잘 밀봉했다가
다음 날 부드럽게 휘핑한 생크림을 얹어 드세요.

16×6×6.5cm 파운드틀 1개 │ 1시간

- 바나나 150g
- 통밀가루 100g
- 박력분 80g
- 녹인 버터 50g
- 포도씨유 50g
- 머스코바도 140g
- 달걀 1개
- 바닐라익스트랙트 약간
- 베이킹파우더 6g
- 베이킹소다 2g
- 소금 1g

1 — 바나나는 껍질을 벗겨 볼에 넣고 포크로 으깬다.
  * 껍질에 검은 반점이 생길 만큼 잘 익은 바나나를 사용한다.

2 — 다른 볼에 녹인 버터, 포도씨유, 바닐라익스트랙트,
  머스코바도, 달걀을 넣고 거품기로 섞는다.

3 — 통밀가루, 박력분, 베이킹파우더, 베이킹소다, 소금을
  한꺼번에 체 쳐 넣고 날가루가 보이지 않을 때까지 섞은 후,
  ①의 으깬 바나나를 넣고 가볍게 섞는다.
  * 굵게 다진 피칸을 넣어도 좋다.

4 — 유산지를 깐 파운드틀에 90%까지 반죽을 채운다.

5 — 170℃로 예열한 오븐에 넣고 30~40분간 굽는다.

6 — 꼬치로 가운데를 찔렀을 때 반죽이 묻어나지 않으면
  오븐에서 꺼내 틀에서 분리해 완전히 식힌다.
  * 먹기 좋은 크기로 잘라 부드럽게 휘핑한 생크림을 곁들인다.

크럼블 믹스베리머핀
_레시피 146쪽

세 가지 브런치 머핀

**크럼블 믹스베리머핀, 시나몬머핀,
시금치 치즈머핀**

컵에 반죽을 툭툭 덜어 자연스럽게 구워내는,
머핀의 매력을 그대로 느낄 수 있는 세 가지
레시피를 알려드릴게요. 반죽의 배합과 구성이
조금씩 다르니, 하나씩 만들어보며 마음에 드는
식감과 맛을 찾아보세요.

크럼블 믹스베리머핀

지름 7cm 머핀틀 6개 분량 | 50분

- 중력분 160g
- 버터 60g
- 머스코바도(또는 설탕) 70g
- 설탕 30g
- 달걀 60g
- 우유 50g
- 베이킹파우더 4g
- 시나몬파우더 1g
- 소금 1g
- 크럼블 90g
- 냉동 믹스베리 80g
- 밀가루 약간

▶ 크럼블(완성 : 약 330g 분량)
- 박력분 90g
- 아몬드파우더 90g
- 버터 80g
- 설탕 70g
- 소금 0.5g

크럼블 만들기

1 — 볼에 함께 체 친 박력분, 아몬드파우더, 소금,
   설탕, 큐브 형태로 자른 차가운 상태의 버터를
   넣고 손으로 비벼 크럼블을 만든다.
   * 남은 크럼블은 1달간 냉동 보관할 수 있다.

머핀 완성하기

2 — 다른 볼에 실온의 버터, 머스코바도, 설탕을
   넣고 핸드믹서의 중속으로 휘핑한다.

3 — 버터의 색이 조금 밝아지고 크림 같은 질감이
   되면 실온의 달걀을 잘 풀어 조금씩 나눠
   넣으면서 잘 섞일 때까지만 휘핑한다.

4 — 함께 체 친 중력분, 베이킹파우더, 시나몬파우더,
   소금을 넣고 날가루가 보이지 않도록 자르듯이
   섞은 후 실온의 우유를 나눠 넣으며 섞는다.

5 — 밀가루를 살짝 입힌 냉동 믹스베리를 넣고
   가볍게 섞는다.

6 — 유산지를 깐 머핀틀에 반죽을 팬닝한 후
   크럼블을 넉넉히 올리고 손으로 살짝 눌러
   고정시킨다.

7 — 170℃로 예열한 오븐에 넣고 30분간 굽는다.
   * 슈거파우더를 뿌려 장식해도 좋다.

1

5

6

시나몬머핀

지름 7cm 머핀틀 6개 분량 | 45분

- 박력분 170g
- 버터 160g
- 설탕 120g
- 달걀 110g
- 소금 1g
- 베이킹파우더 4g
- 시나몬파우더 1g
- 생강가루 2g
- 넛맥 간 것 약간

1 — 볼에 실온의 버터, 설탕을 넣고
    핸드믹서의 중속으로 휘핑한다.

2 — 버터의 색이 조금 밝아지고 크림 같은 질감이 되면
    실온의 달걀을 잘 풀어 조금씩 나눠 넣으면서
    잘 섞일 때까지만 휘핑한다.

3 — 함께 체 친 박력분, 베이킹파우더, 시나몬파우더,
    생강가루, 넛맥 간 것, 소금을 넣고 주걱으로 자르듯이
    골고루 섞는다.
    * 가루에 카더멈, 클로브파우더를 함께 넣어도 좋다.

4 — 유산지를 깐 머핀틀에 반죽을 팬닝한 후
    170℃로 예열한 오븐에 넣고 30분간 굽는다.
    * 시나몬파우더와 슈거파우더를 뿌려 장식해도 좋다.
    * 식은 후에 맛보면 향신료의 향을 더 풍부하게
    느낄 수 있다.

Tip 

머핀 반죽이 들뜨지 않도록 팬닝 후
스푼으로 살짝 눌러준다.

시금치 치즈머핀

지름 7cm 머핀틀 6개 분량 │ 25분

- 박력분 155g
- 버터 70g
- 설탕 90g
- 달걀 110g
- 우유 80g
- 플레인요거트(또는 사워크림) 40g
- 베이킹파우더 4g
- 베이킹소다 1g
- 소금 1g
- 시금치 20g(또는 부추, 쪽파)
- 슈레드 체다치즈 50g
  (또는 슈레드 모짜렐라치즈)
- 그라나파다노치즈 간 것 10g
- 건크랜베리 20g(또는 다진 사과)

1 — 시금치는 2cm 길이로 썬다.

2 — 볼에 실온의 버터, 설탕을 넣고 핸드믹서의 중속으로
휘핑한다.

3 — 버터의 색이 조금 밝아지고 크림 같은 질감이 되면
실온의 달걀을 잘 풀어 조금씩 나눠 넣으면서
잘 섞일 때까지만 휘핑한다.

4 — 함께 체 친 박력분, 베이킹파우더, 베이킹소다, 소금을
넣고 날가루가 보이지 않을 때까지 자르듯이 섞은 후
실온의 우유, 플레인요거트를 조금씩 나눠 넣으면서
섞는다.

5 — ①의 시금치, 슈레드 체다치즈, 그라나파다노치즈 간 것,
건크랜베리를 넣고 가볍게 섞는다.

6 — 유산지를 깐 머핀틀에 반죽을 팬닝한 후
170℃로 예열한 오븐에 넣고 30분간 굽는다.

플레인
버터밀크스콘

언제나, 누구에게나 인기 있을 만한 정석
플레인스콘이에요. 차곡차곡 쌓아올리며 반죽해
투박한 결이 살아 있는 스콘에 클로티드크림과
잼을 듬뿍 얹어 따뜻한 차와 함께,
클래식한 크림티[Cream tea] 조합으로 즐겨보세요.

**지름 6cm 원형 쿠키틀 6개 분량 |
30분(+ 휴지 1시간)**

- 박력분 200g
- 버터 60g
- 생크림 70g
- 식초 10g
- 달걀 40g + 약간
- 베이킹파우더 3g
- 베이킹소다 1g
- 소금 2g
- 설탕 35g

1 — 볼에 함께 체 친 박력분, 베이킹파우더, 베이킹소다,
큐브 형태로 자른 차가운 상태의 버터를 함께 넣고
냉장 보관한다.

2 — 다른 볼에 차가운 생크림, 식초를 넣고 섞어
버터밀크를 만든 후 달걀(40g)을 넣어 섞는다.

3 — 푸드프로세서에 ①, 소금, 설탕을 넣고 0.2cm 크기가
될 때까지 간 후, 볼에 옮겨 ②를 넣고 가루에 액체가
잘 스미도록 주걱으로 섞는다.

4 — 작업대에 반죽을 올리고 스크레이퍼로 반으로 잘라
겹치는 과정을 3~4번 반복한다.

5 — 반죽을 3cm 높이로 다듬고 랩을 씌워 냉장고에서
1시간 이상 휴지시킨다.

6 — 반죽을 틀로 찍어 오븐팬에 올리고, 윗면에 잘 풀어둔
달걀(약간)을 바른 후 175℃로 예열한 오븐에서
18분간 굽는다. * 틀로 찍고 남은 반죽을 다시 살짝 뭉쳐
모양을 잡아 구우면 남는 반죽 없이 모두 사용할 수 있다.

블루베리스콘,
허브 & 치즈스콘

블루베리스콘
_레시피 154쪽

서로 다른 느낌의 두 가지 스콘입니다. 반죽 사이에 과일을 넣어 달콤하게 만들거나,
치즈와 허브를 섞어 풍미 있게 변화를 줄 수 있어요.

블루베리스콘

6개 분량 | 30분(+ 휴지 1시간)

- 박력분 200g
- 버터 60g
- 생크림 80g
- 달걀 40g + 약간
- 베이킹파우더 3g
- 베이킹소다 1g
- 소금 2g
- 설탕 35g
- 블루베리 1컵
  (또는 건포도, 건크랜베리, 건무화과)
- 슈거파우더 1/2컵

1 — 볼에 함께 체 친 박력분, 베이킹파우더, 베이킹소다, 큐브 형태로 자른 차가운 상태의 버터를 함께 넣고 냉장 보관한다.

2 — 다른 볼에 차가운 생크림, 달걀(40g)을 넣고 섞는다.

3 — 푸드프로세서에 ①, 소금, 설탕을 넣고 0.2cm 크기가 될 때까지 간 후, ②를 넣고 가루에 액체가 잘 스미도록 주걱으로 섞는다.

4 — 작업대에 반죽을 올리고 스크레이퍼로 반으로 잘라 겹치는 과정을 3~4번 반복한다. 이때 반죽 사이에 블루베리를 2번에 나눠 골고루 넣는다.

5 — 반죽을 3cm 높이 원기둥 형태로 만들어 랩을 씌워 냉장고에서 1시간 이상 휴지시킨다.

6 — 반죽을 6등분하고, 윗면에 잘 풀어둔 달걀(약간)을 바른 후 슈거파우더를 체를 이용해 넉넉히 뿌린다.

7 — 175°C로 예열한 오븐에서 18분간 굽는다.

4-1

4-2

6

허브 & 치즈스콘

6개 분량 | 30분(+ 휴지 1시간)

- 박력분 200g
- 버터 50g
- 생크림 80g
- 달걀 40g + 약간
- 베이킹파우더 3g
- 베이킹소다 1g
- 소금 2g
- 설탕 35g
- 그라나파다노치즈 간 것 10g
- 슈레드 모짜렐라치즈 20g
- 바질 잎 3장
- 토핑용 설탕 1/2컵

1 — 볼에 함께 체 친 박력분, 베이킹파우더, 베이킹소다, 큐브 형태로 자른 차가운 상태의 버터, 그라나파다노치즈 간 것, 슈레드 모짜렐라치즈를 함께 넣고 냉장 보관한다.

2 — 다른 볼에 차가운 생크림, 달걀(40g)을 넣고 섞는다.

3 — 푸드프로세서에 ①, 소금, 설탕을 넣고 0.2cm 크기가 될 때까지 간 후 바질 잎을 넣어 한 번 더 간다.

4 — 볼에 옮겨 ②를 넣고 가루에 액체가 잘 스미도록 주걱으로 섞는다.

5 — 작업대에 반죽을 올리고 스크레이퍼로 반으로 잘라 겹치는 과정을 3~4번 반복한다.

6 — 반죽을 3cm 높이 원기둥 형태로 만들어 랩을 씌워 냉장고에서 1시간 이상 휴지시킨다.

7 — 반죽을 6등분하고, 윗면에 잘 풀어둔 달걀(약간)을 바른 후 토핑용 설탕을 뿌린다.

8 — 175℃로 예열한 오븐에서 18분간 굽는다.

복숭아코블러

코블러Cobbler는 크럼블 반죽과 과일만 있으면
만들 수 있는 디저트로, 미국에 정착한
영국 이민자들이 만든 메뉴라고 해요. 파이처럼
팬닝을 하거나 모양낼 필요가 없어 간단하지요.
갓 구워 뜨거울 때 바닐라아이스크림을 한 스쿱
얹어 먹는 방법을 추천해요.

20×30cm 타원형 오븐용기 1개 분량 │
1시간

- 황도 600g
  (또는 황도 통조림, 베리류, 살구)
- 설탕 150g
- 레몬즙 1큰술
- 옥수수전분 30g
- 시나몬파우더 1작은술

크럼블

- 중력분 150g
- 설탕 50g
- 베이킹파우더 6g
- 소금 2g
- 버터 75g
- 우유 100㎖

크럼블 만들기

1 — 차가운 상태의 버터를 큐브 형태로 자른다.

2 — 푸드프로세서에 중력분, 버터, 설탕, 베이킹파우더,
소금을 넣고 버터가 굵은 모래알 크기가 될 때까지 간다.
* 적당한 입자와 바삭한 식감을 위해 중력분을 사용한다.

3 — 볼에 옮겨 우유를 넣고 손으로 비벼 크럼블을 만든다.

코블러 완성하기

4 — 볼에 황도, 설탕, 레몬즙, 옥수수전분, 시나몬파우더를
넣고 잘 섞는다.
* 황도 통조림을 사용한다면 체에 밭쳐 시럽을 빼고
넣는다.

5 — 오븐용기에 ④를 깔고, ③의 크럼블을 골고루 덮는다.

6 — 180℃로 예열한 오븐에서 크럼블이 노릇해지고
복숭아가 용기 가장자리를 따라 끓어오를 때까지
40분간 굽는다.
* 뜨거울 때 아이스크림이나 그릭요거트 등을 곁들인다.

3

4

5

오렌지 요거트판나코타

식후에 즐기기에 더할 나위 없는 상큼한 디저트.
판나코타는 사실 어느 과일과도 잘 어울리지만
제스트와 쿠앵트로로 향을 한층 돋운
이 오렌지시럽과의 조합은 아주 특별해요.

130㎖ 원통형 용기 4개 분량 │ 1시간 10분

- 생크림 150g
- 플레인요거트 150g
- 우유 100g
- 설탕 80g
- 키르쉬 5g(생략 가능)
- 판젤라틴 6g
- 오렌지슬라이스 약간
- 타임 약간(생략 가능)

오렌지시럽

- 오렌지제스트 1개 분량
- 오렌지즙 180g
  (또는 오렌지주스)
- 설탕 50g
- 쿠앵트로(생략 가능) 5g

시럽 만들기

1 — 냄비에 오렌지시럽 재료를 모두 넣고 약한 불에서
살짝 끓으면 불에서 내려 쿠앵트로를 섞은 후
차갑게 식힌다.

판나코타 완성하기

2 — 판젤라틴은 얼음물에 넣고 10분간 불린다.

3 — 냄비에 생크림, 우유, 설탕을 넣고 약한 불에서
살짝 끓으면 불에서 내려 ②를 넣고 잘 섞는다.

4 — 플레인요거트, 키르쉬를 넣고 섞은 후
고운 체에 내린다.

5 — 용기에 나눠 담고 얼음물을 받쳐 1시간 동안 굳힌다.
　* 냉장고에서 하루 동안 굳혀도 된다.

6 — 판나코타 위에 오렌지시럽을 올리고,
오렌지슬라이스, 타임으로 장식한다.

1

3

5

베리콩포트
크림치즈베린

베린^{Verrine}이란 컵에 담은 디저트를 뜻해요.
크림치즈와 생크림을 부드럽게 휘핑해 만드는
이 레시피는 갑자기 손님을 대접해야 할 일이
생겨도 금방 만들 수 있을 만큼 간단해요.
어떤 과일 콩포트를 얹어도 잘 어울리니
꼭 한번 만들어보세요.

130㎖ 원통형 용기 4개 분량 ｜ 10분

• 크림치즈 130g
• 생크림 150g
• 설탕 35g
• 레몬즙 10g
• 베리콩포트 적당량 ＊ 만들기 54쪽

1 — 볼에 크림치즈, 설탕을 넣고 거품기로 잘 푼 후
　　생크림, 레몬즙을 넣고 핸드믹서로 휘핑해
　　짤주머니에 담는다.
　　＊ 휘핑하기 전 거품기로 설탕이 남지 않도록
　　잘 녹인다.
　　＊ 휘핑하는 동안 차가운 상태를 유지한다.
　　＊ 너무 오래 휘핑하면 무스의 질감이 거칠어지니,
　　흐르지 않는 정도까지만 휘핑하도록 주의한다.

2 — 용기에 크림치즈무스를 채우고,
　　베리콩포트를 올린다.
　　＊ 맛이 꽤 진하니 더 작은 용기에 담아도 좋다.

캐러멜푸딩

입에 넣자마자 녹아내리는 푸딩을 구현하기 위해
달걀보다 생크림과 우유의 비율을 높게 잡은
레시피예요. 익히는 과정이 조금 까다롭긴 하지만,
부드러운 식감과 진한 바닐라 향, 쌉싸름한
캐러멜의 조화를 한번 맛보면 몇 번이고 다시
만들게 됩니다.

치킨 시금치키쉬

키쉬는 바삭한 파이에 달걀과 크림을 섞은 혼합물,
다양한 채소나 고기를 채워 구운 프랑스 요리예요.
특히 파트브리제라고 하는 결이 살아 있는 반죽을
잘 만드는 게 아주 중요하답니다.

레시피 166쪽

캐러멜푸딩

**100㎖ 푸딩컵 6개 분량 |
1시간 30분(+ 식히기 2시간)**

- 생크림 1컵(200㎖)
- 설탕 20g
- 체리 6개

캐러멜
- 설탕 80g
- 물 15g
- 뜨거운 물 40g

달걀 혼합물
- 우유 260g
- 생크림 75g
- 바닐라빈 1/2개
  (또는 바닐라익스트랙트 1/2작은술)
- 달걀 70g
- 노른자 35g
- 설탕 60g
- 연유 35g
- 럼 약간(또는 위스키, 코냑, 생략 가능)

캐러멜 만들기

1 — 냄비에 캐러멜 재료의 설탕, 물을 넣고
중약 불로 갈색이 돌 때까지 10분 이상
가열한다.

2 — 불에서 내려 뜨거운 물을 붓고
묽게 흐르는 농도의 캐러멜을 완성한다.
* 뜨거운 캐러멜에 물을 부으면
물이 확 끓어오르면서 뜨거운 수증기가
일어나니 안전에 유의해야 한다.

3 — 식기 전에 푸딩컵 바닥에 캐러멜을 나누어
붓고 굳을 때까지 식힌다.

푸딩 완성하기

4 — 냄비에 달걀 혼합물 재료의 우유, 생크림,
바닐라빈을 넣은 후 바글바글 끓을 때까지
중약 불로 가열한다.

5 — 볼에 달걀, 노른자, 설탕, 연유를 넣고
최대한 거품이 나지 않게 섞은 후 ④를
조금씩 흘려 넣으면서 거품기로 섞는다.

6 — 럼을 넣고 섞은 후 고운 체에 거른다.

7 — ③의 푸딩컵에 달걀 혼합물을 90g씩 붓는다.

8 — 깊은 오븐팬에 푸딩컵을 팬닝하고 표면의 기포를
토치로 제거한다.
* 푸딩컵이 팬 위에서 미끄러지지 않도록
바닥에 키친타월을 깐다.
* 기포를 제거하는 과정은 생략해도 좋다.

9 — 푸딩컵을 각각 포일로 덮고 60℃까지 데운 물을
오븐팬에 부은 후 150℃로 예열한 오븐에
40~50분간 중탕으로 굽는다.
* 살짝 흔들었을 때 윗면이 찰랑거리지 않을 때까지
굽는다.

10 — 차갑게 식혀 밀봉한 후 냉장 보관한다.
* 3일 동안 냉장 보관 가능하다.

11 — 차가운 생크림에 설탕을 넣고 휘핑해 짤주머니에
담는다.

12 — 예리한 스패튤러로 푸딩 테두리를 따라
조심스럽게 둘러 푸딩컵을 분리하고, 접시에 엎은 후
생크림과 체리를 올린다.

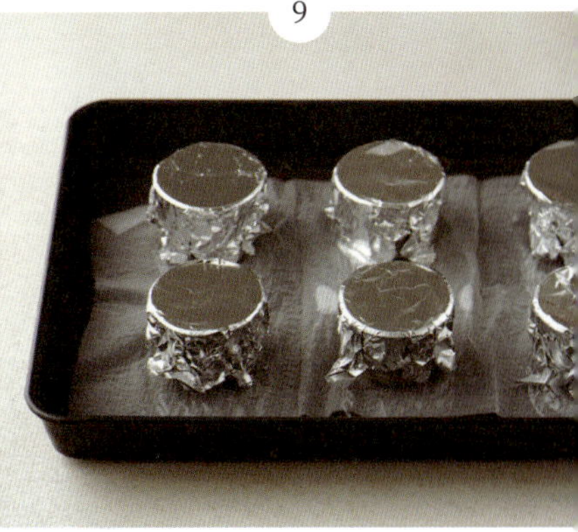

치킨 시금치키쉬

**지름 20cm 파이틀 1개 분량 │
1시간 30분(+ 휴지 1시간 30분)**

- 양파 50g
- 닭가슴살 100g(또는 베이컨)
- 시금치 1줌
- 식용유 1큰술
- 버터 약간 + 1큰술
- 강력분 약간
- 슈레드 체다치즈 1컵
  (또는 슈레드 모짜렐라치즈)
- 그라나파다노치즈 간 것 약간
- 통후추 간 것 약간

파트브리제
- 중력분 100g
- 버터 80g
- 소금 2g
- 설탕 5g
- 얼음물 30g

달걀 혼합물
- 달걀 2개
- 생크림 150g
- 디종머스터드 1작은술
- 넛맥 간 것 1/4작은술
- 소금 2~3g
- 백후춧가루 약간

파트브리제 만들기

1 — 볼에 얼음물을 제외한 파트브리제 재료를 넣고
랩을 씌운 후 30분 이상 냉장 보관한다.

2 — 푸드프로세서에 ①을 넣고
0.2cm 크기가 될 때까지 재빨리 간다.

3 — 볼에 옮겨 얼음물을 넣고 주걱으로
가루에 액체가 잘 스미도록 섞는다.

4 — 작업대에 반죽을 올리고 스크레이퍼로 반씩 잘라
겹치는 과정을 3~4번 반복한다.

5 — 반죽이 한 덩어리로 뭉쳐지면 둥글게 성형해
랩을 씌우고 1시간 동안 냉장 휴지한다.

6 — 반죽은 밀대로 지름 24cm 크기로
둥글게 밀고 30분간 냉장 휴지한다.

7 — 파이틀에 버터(약간)를 얇게 바른 후
강력분을 뿌려 코팅한다.
* 이 과정을 거치면 완성된 파이를
파이틀에서 안전하게 분리할 수 있다.

8 — 반죽을 냉장고에서 꺼내 살짝 부드러워지면
파이틀에 팬닝하고, 포크로 골고루 구멍을 낸다.

9 — 팬닝한 반죽 위에 유산지를 덮고 누름돌을 올려
190℃로 예열한 오븐에서 15분간 굽는다.

키쉬 완성하기

10 — 볼에 달걀 혼합물 재료를 넣고
거품이 나지 않게 섞는다.

11 — 양파와 닭가슴살은 사방 1cm 크기로,
시금치는 3cm 길이로 썬다.

12 — 중간 불로 예열한 팬에 식용유와 버터(1큰술)를
두르고 양파를 넣어 연한 갈색이 될 때까지 볶는다.

13 — 닭가슴살을 넣어 볶고, 다 익으면 시금치를 넣어
가볍게 섞은 후 불에서 내린다.

14 — 구운 파트브리제에 ⑬을 올리고,
⑩의 달걀 혼합물을 넘치지 않게 붓는다.

15 — 윗면에 슈레드 체다치즈를 뿌리고
180℃로 예열한 오븐에 30분간 굽는다.

16 — 그라나파다노치즈 간 것, 통후추 간 것을 뿌린다.

11

13

14

Chapter 6

K-Style Brunch

"한식을 접목시킨 한 끗 다른 스타일의
카페 브런치 메뉴를 담았습니다"

어릴 때부터 먹어온 음식만큼 몸과 마음을 편하게 해주는 건 드물죠.
소풍 때 먹는 김밥, 아플 때 먹는 죽, 비 오는 날 먹는 부침개처럼
듣기만 해도 왠지 마음이 가는 우리 음식을
재료나 만드는 방식을 바꿔 재해석해 보았어요.
이제는 해외에서도 널리 사랑받고 있는 K-스타일 메뉴를 만나보세요.

맑은 두부수프

멸치육수로 시원한 맛을 낸 두부수프는
생각만해도 속이 편안하지요.
만들기 정말 쉽고, 두부를 넉넉히 넣어
포만감도 있으니 바쁜 날 간단히
끼니를 해결하고 싶을 때 추천합니다.

2인분 | 10분(+ 육수 내기 1시간)

- 두부 1/2모(150g)
- 멸치육수팩 1개
- 물 3컵(600㎖)
- 대파 1대
- 당근 작은 크기 약 1/5개(30g)
- 참치액 1/2큰술(또는 국간장)
- 소금 약 1/3작은술(1g)
- 백후춧가루 약간

1 — 볼에 멸치육수팩, 물(3컵)을 넣고 1시간 이상
　　우려낸 후 건진다.

2 — 두부는 물기를 제거한 후 한입 크기로 썰고,
　　대파는 길게 2등분해서 5cm 길이로 썬다.
　　당근은 길게 2등분해서 0.3cm 두께로 썬다.
　　* 채소는 취향에 맞는 것으로 골라 넣는다.

3 — 냄비에 ①의 멸치육수를 넣어 중간 불에서
　　끓어오르면 대파와 당근을 넣고 3분간 익힌 후
　　참치액, 소금으로 간을 한다.

4 — 두부를 넣고 끓어오르면 불에서 내려
　　백후춧가루를 뿌린다.

고수 초당옥수수
팬케이크

달큼한 초당옥수수에 고수의 이국적인 향을 더해
부침개처럼 구운 팬케이크예요. 겉은 바삭,
속은 촉촉한 이상적인 비율의 반죽을 계절에 맞는
재료로 응용해 보세요. 특히 고수 대신
다른 향신채를 쓰면 색다른 맛을 느낄 수 있어요.

4인분 │ 20분

- 초당옥수수 알갱이 약 1컵
  (150g, 또는 옥수수 통조림)
- 대파 2대
- 양파 1/2개
- 슈레드 모짜렐라치즈 1/2컵
- 고수 잎 1줌(또는 방아 잎)
- 박력분 100g
- 옥수수전분 30g
- 베이킹소다 1g(생략 가능)
- 소금 3g
- 백후춧가루 1g
- 고춧가루 1g
- 찬물 120g
- 식용유 2큰술
- 그라나파다노치즈 간 것 약간

초간장
- 간장 1큰술
- 식초 1큰술(또는 발사믹식초)

1 — 대파, 양파는 잘게 썬다.

2 — 볼에 함께 체 친 박력분, 옥수수전분,
베이킹소다와 슈레드 모짜렐라치즈, 소금,
백후춧가루, 고춧가루, 찬물을 넣어
날가루가 없을 때까지 잘 섞는다.
* 되기를 봐가며 물의 양을 조절한다.
요거트처럼 살짝 흐르는 정도면 적당하다.

3 — 초당옥수수 알갱이, 대파, 양파, 고수 잎을
넣고 섞는다.

4 — 중간 불로 달군 팬에 식용유를 두르고
반죽을 부은 후 앞뒤로 노릇노릇하게 굽는다.

5 — 접시에 담고 뜨거울 때 그라나파다노치즈 간 것을
올린다.

6 — 간장과 식초를 섞어 만든 초간장을 곁들인다.

김치 그릴치즈
샌드위치

K푸드의 유행과 함께 세계인의 사랑을 받고
있는 메뉴예요. 집집마다 김치 한 종류씩은 있는
우리나라에서는 쉽게 만들 수 있으니
꼭 한번 맛보세요. 사워도우 빵과 김치의 산미가
잘 어울리고, 치즈 맛도 아주 조화롭습니다.
잘 익은 김치라면 어떤 종류든 좋아요.

1인분 | 15분

• 사워도우 빵 2장
• 배추김치 1/2컵
• 체다치즈 1장
• 프로볼로네치즈 1장
  (또는 슈레드 모짜렐라치즈)
• 식용유 1큰술
• 버터 1큰술
• 통후추 간 것 약간
• 그라나파다노치즈 간 것 약간
• 송송 썬 쪽파 약간(생략 가능)

1 — 김치는 가볍게 국물을 짜낸다.

2 — 사워도우 빵 한쪽에 체다치즈, 배추김치,
    프로볼로네치즈 순으로 얹고 남은 한쪽으로 덮는다.

3 — 중약 불로 예열한 팬에 식용유를 두르고,
    샌드위치 양쪽을 노릇하게 굽는다.

4 — 노릇하게 색이 나면 양쪽에 버터를 발라
    진한 갈색이 나도록 굽는다.

5 — 샌드위치를 반으로 자르고 통후추 간 것,
    그라나파다노치즈 간 것, 송송 썬 쪽파를 뿌린다.

1

2

들기름
누들샐러드

들기름막국수에 신선한 채소로 상큼함을 더한
누들샐러드입니다. 좋아하는 채소를 다양하게 넣어
맛과 화려한 색감을 함께 즐겨보세요.

1인분 │ 25분

- 건조 메밀면 100g
- 아보카도 1/4개
- 오이 1/4개
- 파프리카 1/4개
- 토마토 1/2개
- 달걀 1개(또는 새우살, 닭가슴살)
- 당근라페 적당량 * 만들기 26쪽
- 통들깨 적당량

들기름 간장드레싱

- 진간장 1큰술
- 꿀 1작은술
- 백후춧가루 약간
- 식초 1작은술
- 들기름 2큰술

1 — 아보카도는 1cm 두께로, 오이와 파프리카는
0.3cm 두께로, 토마토는 한입 크기로 썬다.

2 — 달걀은 끓는 물에 넣고 9분간 삶아 반으로 자른다.

3 — 메밀면은 끓는 물에 4분간 삶은 후
얼음물에 바락바락 씻고, 체에 밭쳐 물기를 뺀다.

4 — 볼에 들기름 간장드레싱 재료를 넣고 섞는다.

5 — 접시에 메밀면을 담고, ①의 손질한 채소, 달걀을 올린다.

6 — 들기름 간장드레싱을 골고루 끼얹고 통들깨를 뿌린다.
   * 취향에 맞게 다른 채소나 과일을 곁들여도 좋다.

1

3

4

새우 미나리 찹쌀죽

치즈와 올리브오일을 더해 리소토처럼 끓인
찹쌀죽입니다. 그라나파다노치즈의 짭조름한 맛과
싱그러운 올리브오일, 미나리 향이
부드러운 찹쌀과 어우러져서 색다른 느낌으로
한 끼를 편안하게 채워줄 거예요.

2인분 | 1시간(+ 쌀 불리기 1시간)

- 찹쌀 1컵(약 160g)
- 새우살 100g
- 미나리 50g(또는 쪽파, 부추)
- 올리브오일 2큰술
- 뜨거운 물 3컵(600㎖)
- 그라나파다노치즈 간 것 약간
- 통후추 간 것 약간

1 — 미나리는 잘게 썰고, 새우는 내장을 제거해 포를 뜬다.

2 — 찹쌀은 씻어서 물에 1시간 정도 불린 후
체에 밭쳐 물기를 뺀다.

3 — 중간 불로 예열한 냄비에 올리브오일을 두른 후
찹쌀을 넣고 반투명해질 때까지 볶는다.

4 — 뜨거운 물(3컵)을 넣고 끓어오르면 약한 불로 줄인다.
* 뜨거운 물을 사용하면 볶은 찹쌀의 온도가 유지되어
더 빠르게 죽을 완성할 수 있다.

5 — 바닥에 눌어붙지 않도록 한 번씩 냄비 바닥을 젓는다.
* 수분이 너무 빨리 날아가면 끓는 물을 조금씩
더 넣는다.

6 — 찹쌀이 거의 다 익으면 새우와 미나리를 넣고
새우가 다 익을 때까지 가열한다.

7 — 그라나파다노치즈 간 것, 통후추 간 것을 뿌린다.

아보카도 간장 달걀밥

누구나 아는 무난한 맛을 색다르게, 보기 좋게
차린 한 그릇 음식이에요. 간장, 달걀프라이,
참기름만으로도 충분하지만 그때그때 냉장고에
있는 새로운 재료와 조합해, 나만의 시그니처 간장
달걀밥을 만들어보는 것도 즐거운 경험이랍니다.

1인분 | 10분

- 밥 약 1공기(200g)
- 아보카도 1/4개
- 스팸 50g
- 배추김치 1/2컵
- 달걀 1개
- 식용유 1작은술 + 1작은술
- 소금 1/8작은술
- 진간장 1큰술
- 참기름 1작은술
- 가염버터 1큰술
- 김자반 약간
- 송송 썬 실파 1대 분량

1 — 아보카도, 스팸, 배추김치는 한입 크기로 썬다.

2 — 중약 불로 달군 팬에 식용유(1작은술)을 두르고
김치를 볶는다.

3 — 중약 불로 달군 다른 팬에 ①의 스팸을 노릇하게 굽는다.

4 — 중약 불로 충분히 달군 다른 팬에 식용유(1작은술)를
두르고 달걀을 깨어 올린 후 소금을 뿌린다.

5 — 달걀 가장자리가 갈색으로 바삭해지면
불에서 내려 진간장과 참기름을 달걀 위에 뿌린다.

6 — 그릇에 따뜻한 밥을 담고 가염버터를 올린 후
④의 달걀과 잔열에 살짝 끓은 간장을 함께 올린다.

7 — 아보카도, ②, ③과 김자반을 올리고, 송송 썬 실파를
뿌린다.

김치 새우도리아

언제 먹어도 맛있는 김치볶음밥에
오븐에서 갓 구워져 치즈가 지글거리는 이 요리.
많은 분들께 향수를 불러일으킬 레트로
메뉴이면서, 한 술 뜨면 쭉 늘어나는 치즈에
아이들도 좋아할 만한 메뉴입니다.

2인분 │ 30분

- 밥 250g
- 배추김치 120g
- 생새우살 50g
- 대파 10cm
- 양파 1/3개
- 다진 마늘 1작은술
- 소금 약 1/3작은술(1g)
- 식용유 1큰술
- 토마토케첩 1큰술
- 버터 1/2큰술
- 고운 고춧가루 1/2작은술
- 백후춧가루 1작은술
- 베샤멜소스 3큰술 * 만들기 43쪽
- 슈레드 모짜렐라치즈 1컵
- 그라나파다노치즈 간 것 약간
- 통후추 간 것 약간

1 — 대파, 양파는 0.5cm 크기로,
김치는 2cm 크기로 썬다.
* 김치 국물을 짜내지 않고 그대로 사용한다.

2 — 중간 불로 달군 팬에 식용유를 두르고 ①의 대파와
양파, 다진 마늘, 소금을 넣고 연한 갈색이 날 때까지
볶는다.

3 — 고운 고춧가루와 백후춧가루를 넣고 잘 섞은 후
①의 김치를 넣고 5분간 볶는다.

4 — 새우를 넣고 볶아 익힌 후 밥, 토마토케첩을 넣고
골고루 섞이도록 볶는다.

5 — 버터를 넣고 잘 섞은 후 불에서 내려 오븐용기에 담는다.

6 — 베샤멜소스를 ⑤ 위에 올리고
슈레드 모짜렐라치즈를 넉넉히 뿌린다.

7 — 180℃로 예열한 오븐에서 5분 정도 치즈를 녹인다.

8 — 오븐에서 꺼내 그라나파다노치즈 간 것, 통후추 간 것을
뿌린다.

1

4

6

달걀말이
나물장아찌 김밥

새콤달콤한 간장 베이스 나물장아찌에
부드러운 달걀말이의 조합이 아주 단순하지만
맛에 모자람이 없는 별미김밥입니다.
원하는 나물로 장아찌를 담가 만들어보세요.

2인분 │ 20분(+ 장아찌 만들기 2일)

- 밥 약 1과 1/2공기(300g)
- 달걀 2개
- 김밥용 김 2장
- 소금 약 1/3작은술(1g)
- 식용유 약간
- 나물장아찌 적당량

나물장아찌

- 부지깽이나물 500g
  (또는 명이나물, 방풍나물)
- 진간장 1컵
- 물 1컵
- 설탕 2/3컵
- 식초 2/3컵

장아찌 만들기

1 — 냄비에 진간장, 물, 설탕을 넣고 중약 불에서 끓어오르면
불에서 내려 식초를 넣고 섞는다.

2 — 밀폐용기에 손질한 나물을 넣고 ①을 미지근하게 식혀
부은 후 2일 동안 실온에 둔다.
* 완성된 장아찌는 1개월 동안 냉장 보관 가능하다.
장아찌를 직접 만들기 번거롭다면 시판 제품을
사용해도 좋다.

김밥 완성하기

3 — 볼에 달걀, 소금을 넣고 거품이 나지 않게 젓는다.

4 — 달걀말이 팬에 식용유를 두른 후 ③을 넣고
긴 달걀말이를 만들고, 뜨거울 때 랩에 말아
동그랗게 모양을 잡는다.

5 — 나물장아찌는 키친타월에 잠시 올려 물기를 뺀다.

6 — 김발에 김을 올리고 밥을 얇게 펼친 후
④의 달걀말이, ⑤의 나물장아찌를 넣고 만다.

7 — 김이 붙도록 잠시 둔 후 한입 크기로 자른다.

2

4

6

Chapter 7

Brunch Plate

"브런치 메뉴의 특별한 조합,
브런치 플레이트로 홈카페를 즐겨보세요"

브런치 메뉴를 하나만 즐기기에는 뭔가 아쉬울 때,
다양한 메뉴를 어떻게 조화롭게 구성해야 할지 고민될 때 참고할 수 있는
브런치 플레이트를 소개합니다. 계절이나 자리의 성격에 맞게
여러 가지 메뉴를 조합하면 브런치 테이블의 무드를 한층 살릴 수 있죠.
이 책에 소개된 메뉴를 활용해 특별한 순간을 더욱 빛나게 할
브런치 플레이트를 만들어보세요.

봄 브런치 플레이트

꽃 피는 봄에 어울리는 화려한 비주얼을
뽐내는 플레이트입니다. 환절기에
자칫 놓칠 수 있는 건강도 고려해 채소와
열량 있는 메뉴를 골고루 담았으니
눈으로, 온몸으로 봄의 브런치 플레이트를
맛보세요.

1 — 돼지고기 생강수프 122쪽

따뜻한 돼지고기 생강수프를 함께 내면 자극적이지
않으면서도 활력을 주는 조합이 완성돼요.
샌드위치, 스콘의 양이 좀 많다면 수프의 당면을 빼고
채소 재료를 보충해도 좋습니다.

2 — 타마고산도 92쪽

보드랍고 순한 맛에 도톰한 달걀말이가 들어가
포만감이 있는 샌드위치입니다. 니수아즈샐러드
드레싱과도 제법 잘 어울리는 맛이니, 샌드위치 한입에
샐러드 한입, 산뜻한 어울림에 집중해 맛보시는 걸
추천해요. 부드러운 맛보다는 상큼하고 바삭한 맛을
더하고 싶다면 토마토 그뤼에르토스트(80쪽)도 좋아요.

3 — 니수아즈샐러드 68쪽

갖가지 재료가 풍성한 니수아즈샐러드는 어떤 음식과도
잘 어울립니다. 신선한 채소 재료도 충분하고 짭짤한
앤초비드레싱에 파프리카 오일절임, 케이퍼베리, 올리브 등
맛에 포인트를 주는 요소도 많아 다른 메뉴들과 어울려
먹는 재미가 있지요. 포만감을 더해 여럿이 나눠 먹고
싶다면 이탈리안 곡물샐러드(76쪽)로 대체해도 좋아요.

4 — 허브&치즈스콘 152쪽

풍부한 허브 향 덕분에 봄의 기운을 물씬 느낄 수 있어요.
살짝 달콤하니, 모든 메뉴의 가장 마지막에 홍차나
허브티를 곁들여 마무리하는 걸 추천합니다.

여름 브런치 플레이트

제철 과일과 채소를 풍부하게 사용한
여름 휴가철 무드의 플레이트입니다.
각각의 메뉴에서 단맛, 짠맛, 신맛 등
맛의 밸런스가 돋보이니 잘 차려 먹고
나면 속도 든든하고 미각적으로도 아주
만족스러울 거예요.

1 — **치킨차우더** 114쪽

여름이라고 차가운 음식만 먹을 순 없죠.
따뜻하고 맛과 식감이 풍부하지만 너무 무겁지 않은
치킨차우더로 원기를 채워보세요. 스푼에 건더기를
잔뜩 얹어 떠먹다 보면 복날 삼계탕을 먹을 것처럼
금방 힘이 날 거예요.

2 — **제철 채소피클** 24쪽

산뜻한 허브 향 살짝 더한 제철 채소피클로 깔끔하게
입가심해 보세요. 더위에 지친 여름에 아삭한 채소로
또 다른 활력을 찾을 수 있을 거예요. 셀러리, 열무처럼
독특한 향이 있거나 알싸한 맛이 나는 여름 채소로
만들어도 좋습니다.

3 — **고수 초당옥수수팬케이크** 172쪽

달큰한 옥수수 알갱이와 짭짤한 치즈, 도톰해서
한입 가득 들어오는 부침개로 한국적인 터치를 살짝
더해봤어요. 더운 여름이라 불을 덜 쓰고 싶거나 전이
조금 무겁게 느껴진다면, 초당옥수수 한 토막을 살짝
쪄서 치즈, 잘게 썬 고수를 뿌려 플레이팅해도 좋아요.

4 — **복숭아 프로슈토샐러드** 70쪽

플레이트에 자연스러운 멋을 더하는 비주얼
메뉴입니다. 새콤한 살구와 크리미한 부라타치즈로
입맛을 돋워보세요. 같은 부라타치즈를 사용한
판자넬라샐러드(72쪽)로 대체하면 새로운 맛과 멋의
플레이트로 변화를 줄 수 있어요.

가을 브런치 플레이트

가을은 수확하는 기쁨이 있으면서도
왠지 차분해지는 계절이죠.
전체적으로 은은한 달콤함과 부드러운
분위기가 느껴지게 담아보았어요.
참고해서 나만의 가을 맛 브런치
플레이트를 꾸며보세요.

1 — 단호박수프 104쪽

핼러윈데이가 다가오면 호박을 활용한 메뉴가
인기예요. 찬바람 불기 시작할 때 따끈하게 끓여 먹는
단호박수프는 왠지 향수를 불러일으키는 포근한 매력이
있습니다. 시나몬이나 넛맥을 살짝 갈아 올리면 한층
따뜻한 맛으로 즐길 수 있어요. 진한 버섯수프(110쪽)로
대신해도 제법 잘 어울려요.

2 — 캐러멜푸딩 162쪽

짙은 맛의 캐러멜이 선선한 계절에 어울리는
디저트입니다. 함께 플레이팅하는 다른 메뉴와 뒤섞이지
않도록 유리병에 담았어요. 조그만 스푼으로 위에 얹은
크림부터 밑에 깔린 캐러멜까지 한꺼번에 떠먹으면
쌉쌀한 가을 무드가 물씬 느껴져요.

3 — 구운 채소샌드위치 96쪽

풍요로운 계절에 어울리는 채소 가득 샌드위치입니다.
이번 플레이트에서는 튀는 맛을 최소화하기 위해
로메스코소스(85쪽)를 스프레드로 사용했어요.

4 — 아보카도퓌레와 과일샐러드 66쪽

가을 과일인 사과와 배를 활용한 샐러드예요.
여기에 단감 슬라이스를 더해도 맛과 모양이
조화로워요. 다른 메뉴와의 어울림을 위해
몇 가지 요소를 덜어내고 단순하게 담아보았어요.

겨울 브런치 플레이트

가족이 모여 만끽하는 소박하지만
특별한 연말 분위기를 생각하며
구성한 플레이트입니다. 감자도,
수프 건더기도, 대파도 큼직하게 올라가
보는 것만으로도 만족스럽지요.
재료도 비교적 친근하고 만들기도
어렵지 않은 메뉴들을 함께 나눠 먹으며
추운 겨울, 따뜻함을 채워보세요.

1 — 포토푀 116쪽

뜨겁게 끓인 한 솥으로 여럿이 나눠 먹을 수 있는 수프.
겨울에 이보다 더 좋은 메뉴가 있을까요?
화려한 모양과 맛은 아니지만 그 자체가 주는
느낌만으로 제 역할을 다하는 음식이 바로 포토푀가
아닌가 싶어요. 겨울에 꼭 좋은 사람들과 나눠 드세요.

2 — 구운 감자 딜 사워크림샐러드 64쪽

연말 테이블, 하면 왠지 큼직하게 구운 고기가 올라야
할 것 같지만, 기름을 넉넉히 둘러 구운 감자만으로도
충분히 만족감을 줍니다. 작은 감자를 통째로
사용하고 딜과 사워크림으로 개운한 맛을 더했는데,
순하고 크리미한 맛을 매치하고 싶다면 프렌치 감자
치즈그라탱(126쪽)으로 대체해도 좋겠지요.

3 — 코울슬로 25쪽

아무리 추운 계절이라도 생채소의 상큼함이
없으면 아쉽죠. 작은 접시에 소복하게 담아서
밥에 반찬 곁들이듯 드셔보세요.

4 — 로메스코 대파토스트 84쪽

겨울에 가장 달고 맛있는 대파를 노릇하게 구워
먹음직스럽게 만든 메인디쉬예요. 붉은색 핑크페퍼,
연두색 고수씨로 크리스마스 전구처럼 꾸민 토스트가
플레이트를 멋지게 장식해 줍니다. 조금 더 기름지게,
포만감 있게 먹고 싶다면 크로크무슈(42쪽)로
대신해도 좋아요.

1
2
3
4

비건 브런치 플레이트

건강이나 환경을 위해 비건식을
지향하는 분들이 많이 늘었지만,
여전히 비건하면 심심한 맛, 거칠고
퍽퍽한 식감이 떠오르죠.
이런 편견을 깨고 한 끼 브런치를
건강한 비건식으로 즐기실 수
있도록 색감, 맛의 조화를 신경 써
구성했어요.

1 — 모로칸수프 112쪽

이국적인 맛을 더하는 모로칸 수프. 삶은 콩이 가득 씹히고
토마토와 향신료가 풍부한 감칠맛을 내주니 한 그릇이면
만족스럽게 식사를 마무리할 수 있어요. 강한 향신료가
살짝 부담된다면 라따뚜이(118쪽)로 대체해도 좋습니다.

2 — 당근라페 26쪽

머스터드, 레몬즙이 어우러진 새콤한 드레싱이 당근과
깔끔하게 어울리는 당근라페. 샌드위치의 곁들임용으로도
꾸준히 인기 있죠. 비건 플레이트에서도 요긴하게 쓰입니다.
노랗게 핀 딜 꽃으로 장식해 눈에 띄는 화사함을 더했어요.

3 — 템페 비건샌드위치 100쪽

버터나 달걀이 들어간 빵도, 치즈도, 고기도 없지만
간장에 조린 템페와 새콤하고 아삭하게 절인 채소가
단번에 입맛을 돌게 하는 샌드위치입니다.
토마토처트니와 으깬 아보카도샌드위치(98쪽)나
로메스코 대파토스트(84쪽)로 대체해도 맛있는
비건 플레이트를 완성할 수 있어요.

4 — 후무스 27쪽

이 플레이트에서 부드러움을 담당하는 후무스.
비건에게 풍부한 단백질 공급원이 되어주는
아주 중요한 메뉴 중 하나라, 비건식에서는 후무스를
빼놓을 수 없습니다. 올리브와 건포도, 향신료도 곁들여
맛의 포인트를 더해보세요.

저속노화 브런치 플레이트

최근 노화를 가속화하는 당류와
정제곡물, 육류를 통곡물, 콩류,
녹색채소 등으로 대체하는
'저속노화 식단'이 주목받고 있지요.
식단에 신경 쓰는 분들을 위해
건강한 식재료에 맛과 영양의 균형을
더해 지속적으로 즐길 수 있는
메뉴들을 조합해 보았습니다.

1 ― 스파이시 토마토 스크램블 에그 35쪽

저속노화 식단에서도 적당량의 동물성 단백질 섭취를
권장하는 의견이 많으니, 달걀 같은 양질의 단백질을
채워주는 게 좋겠지요. 마늘과 생강, 향신료에
토마토를 오래 볶아 진한 맛을 내면 이국적이지만
왠지 익숙한 맛으로 완성됩니다.

2 ― 그린샐러드와 아보카도

녹색채소가 들어가야 진정한 저속노화식이라고
할 수 있겠죠. 앞에서 소개한 메뉴는 아니지만 아주
간단하게 곁들일 수 있도록 남는 잎채소로 만들 수 있는
상큼한 그린샐러드에 잘 익은 아보카도를 더했어요.
발사믹드레싱(29쪽), 화이트발사믹드레싱(29쪽),
레몬드레싱(29쪽)을 살짝 뿌려 드세요.

3 ― 비트 당근샐러드 25쪽

오일과 함께 익히면 영양소 흡수율이 더 높아진다는
비트와 당근은 이렇게 구운 샐러드로 한 번에 많이
만들어두면 식사 때마다 건강을 챙길 수 있지요.
포만감도 꽤 있으니 저속노화 식단이 조금 허전하게
느껴진다면 넉넉히 얹어보세요.

4 ― 강낭콩샐러드 60쪽

저속노화 식단의 중요한 요소인 콩을 주재료로 한
샐러드입니다. 특히 흰 강낭콩은 단백질, 무기질
등의 영양소가 풍부하면서도 맛이 부드러워서
이탈리아에서는 꾸준히 사랑받고 있는 재료예요.
퀴노아볼 샐러드(74쪽)로 대체해도 좋아요.

아이와 함께하기 좋은 브런치 플레이트

만들기도 간단하고 아이들이
좋아할 만한 메뉴를 골라 사랑스러운
간식 플레이트를 구성했어요.
특별할 날 기분 좋게, 만드는 과정까지
함께하며 즐겁게 맛보세요.

1 — **버터밀크 팬케이크** 44쪽

포근하고 달달한 팬케이크를 싫어하는 아이는
거의 없을 거예요. 동그랗게 만들려 애쓰지 않아도
돼요. 아이가 직접 팬에 반죽을 부어 원하는 모양으로
구울 수 있게 해보세요.

2 — **베리콩포트 크림치즈베린** 160쪽

스푼으로 떠먹는 재미가 있는 디저트 메뉴입니다.
크림치즈무스와 베리콩포트를 전날 만들어
각각 냉장 보관해 두었다가 먹기 직전 잔이나 컵에
담아도 좋습니다.

3 — **샤인머스캣 보코치니샐러드** 58쪽

한입 크기 과일과 치즈를 쏙쏙 집어 먹는 즐거움이
있는 특별한 샐러드예요. 반으로 자른 샤인머스캣과
보코치니치즈, 블루베리가 모두 동글동글해서
담기가 조금 번거로울 수 있으니, 팬케이크와
크림치즈베린으로 먼저 지탱할 것을 만들어두면
한층 플레이팅이 쉬워질 거예요.

4 — **스크램블 에그** 34쪽

간식처럼 꾸민 플레이트에서도 아이가 단백질을
섭취할 수 있는 소중한 메뉴입니다. 부드러운 식감을
위해 익힘에 유의하고, 순식간에 완성되니
가장 마지막에 만들어 플레이팅하세요. 모양내기에
자신 있다면 오믈렛(38쪽)으로 만들어도 좋아요.

피크닉 브런치 플레이트

피크닉을 위한 메뉴는 생각보다
고려해야 할 사항이 많습니다.
식어도 맛있어야 하고, 이동 중에도
형태가 유지되어야 하며,
모두가 즐겁게 먹을 수 있도록
너무 개성이 강한 메뉴보다는
무난하게 인기 있는 메뉴가 좋겠지요.
이 모든 조건을 만족시키는 피크닉용
브런치 플레이트를 소개할게요.

1 — 오렌지 요거트판나코타 158쪽

피크닉에서 즐기는 디저트는 정말 특별해요.
오렌지 슬라이스를 얹은 달콤하고 부드러운 판나코타는
피크닉의 기분을 한층 상큼하게 살려줄 거예요.

2 — 초당옥수수 아보카도샐러드 62쪽

구운 초당옥수수와 오이, 아보카도가 주재료인
심플한 샐러드로 드레싱이 되직해서 피크닉용으로
알맞아요. 앞에서 소개한 레시피와 다르게
드레싱을 짤주머니에 담아 한 방울씩 사이사이에 짜고,
로메인을 한입 크기로 잘라 넣어 아삭하고 신선한
맛을 더했습니다.

3 — 감자수프 104쪽

보온병에 담을 게 아니라면 식어도 맛있는 수프를
준비하는 게 좋아요. 부드러운 감자수프는 차갑게
먹어도 맛있고 친근한 매력이 있어 피크닉에 챙겨 가면
여러 사람들에게 사랑받을 수 있어요.

4 — 세 가지 심플 샌드위치 86쪽

아주 단순한 조합이지만 맛의 밸런스가 좋아서
남녀노소 누구나 좋아하고, 어떤 계절에나 무난하게
즐길 수 있는 샌드위치입니다. 식빵이 축축하게
젖지 않도록 당근과 오이의 수분을 충분히
제거하는 게 좋아요. 세 종류를 만들기가 번거롭다면
잠봉뵈르샌드위치(90쪽)를 추천할게요.

매일 만들어
먹고 싶은

카페
브런치&
디저트

1판 1쇄 펴낸 날	2024년 9월 25일
1판 2쇄 펴낸 날	2025년 5월 7일

편집장	김상애
책임편집	내도우리
디자인	원유경
사진	박형인(studio TOM)
기획 · 마케팅	엄지혜

편집주간	박성주
펴낸이	조준일

펴낸곳	(주)레시피팩토리
주소	서울특별시 용산구 한강대로 95 래미안용산더센트럴 A동 509호
대표번호	02-534-7011
팩스	02-6969-5100
홈페이지	www.recipefactory.co.kr
애독자 카페	cafe.naver.com/superecipe
출판신고	2009년 1월 28일 제25100-2009-000038호

제작 · 인쇄	(주)대한프린테크

값 21,000원

ISBN 979-11-92366-43-2

cafe citron
카페 시트롱
All Day Brunch & Bakery cafe